Youcef TOUATI

Les Bond Graphs Pour le Diagnostic Robuste et l'Estimation de Défauts

AF185582

Youcef TOUATI

Les Bond Graphs Pour le Diagnostic Robuste et l'Estimation de Défauts

Application à un robot mobile

Presses Académiques Francophones

Impressum / Mentions légales

Bibliografische Information der Deutschen Nationalbibliothek: Die Deutsche Nationalbibliothek verzeichnet diese Publikation in der Deutschen Nationalbibliografie; detaillierte bibliografische Daten sind im Internet über http://dnb.d-nb.de abrufbar. Alle in diesem Buch genannten Marken und Produktnamen unterliegen warenzeichen-, marken- oder patentrechtlichem Schutz bzw. sind Warenzeichen oder eingetragene Warenzeichen der jeweiligen Inhaber. Die Wiedergabe von Marken, Produktnamen, Gebrauchsnamen, Handelsnamen, Warenbezeichnungen u.s.w. in diesem Werk berechtigt auch ohne besondere Kennzeichnung nicht zu der Annahme, dass solche Namen im Sinne der Warenzeichen- und Markenschutzgesetzgebung als frei zu betrachten wären und daher von jedermann benutzt werden dürften.

Information bibliographique publiée par la Deutsche Nationalbibliothek: La Deutsche Nationalbibliothek inscrit cette publication à la Deutsche Nationalbibliografie; des données bibliographiques détaillées sont disponibles sur internet à l'adresse http://dnb.d-nb.de. Toutes marques et noms de produits mentionnés dans ce livre demeurent sous la protection des marques, des marques déposées et des brevets, et sont des marques ou des marques déposées de leurs détenteurs respectifs. L'utilisation des marques, noms de produits, noms communs, noms commerciaux, descriptions de produits, etc, même sans qu'ils soient mentionnés de façon particulière dans ce livre ne signifie en aucune façon que ces noms peuvent être utilisés sans restriction à l'égard de la législation pour la protection des marques et des marques déposées et pourraient donc être utilisés par quiconque.

Coverbild / Photo de couverture: www.ingimage.com

Verlag / Editeur:
Presses Académiques Francophones
ist ein Imprint der / est une marque déposée de
AV Akademikerverlag GmbH & Co. KG
Heinrich-Böcking-Str. 6-8, 66121 Saarbrücken, Deutschland / Allemagne
Email: info@presses-academiques.com

Herstellung: siehe letzte Seite /
Impression: voir la dernière page
ISBN: 978-3-8416-2110-8

Table des matières

3

Détection et isolation robuste de défaut

4

Estimation de défauts par bond graph

5

Etude de cas : Le robot omnidirectionnel "Robotino"

Table des figures

Introduction générale

Plusieurs approches de diagnostic ont été développées pour résoudre les différents problèmes de surveillance en ligne connue sous l'appellation FDI (Fault Detection and Isolation). La stratégie de diagnostic et la forme sous laquelle la connaissance est disponible conditionnent les méthodes utilisées pour concevoir les algorithmes de surveillance. Ces approches peuvent être classifiées en deux catégories : les approches à base de modèle et les approches à base d'analyse de données. Cette dernière catégorie est basée sur l'analyse qualitative ou quantitative des donnés mesurées afin de pouvoir extraire les informations nécessaires à la détection et à la localisation des défauts. Les méthodes qui se basent sur les observations historiques ou présentes antérieures sont dites à base de signal ou sans modèle à priori ou externe. Dans ce cas, on ne dispose pas de modèle décrivant le comportement normal et les comportements défaillants du système. Ces méthodes font alors appel à des procédures d'apprentissage et de reconnaissance de formes ou à l'intelligence artificielle développées dans [Dubuisson, 2001]. L'objectif de la reconnaissance des formes consiste à classer automatiquement des formes dans des modes (classes) connues a priori par apprentissage. Par conséquent, ces techniques doivent connaître a priori tous les états de fonctionnement (normal et défaillant), ce qui est souvent inacceptable dans les systèmes réels. On peut aussi distinguer des méthodes réalisées hors ligne qui consiste à analyser les risques et déterminer les causes et les conséquences de ce risque sur la fonction principale du procédé. On peut citer les méthodes HAZOP Analysis (HAZard and OPerability) et AMDEC (Analyse des Modes de Défaillances et de leurs Effets et de leurs Criticités). Cette approche (très utilisée par les industriels) est importante pour déterminer les équipements pertinents à surveiller.

Les méthodes à base de modèle utilisent des modèles opératoires construits à partir des lois physiques ou identifiées du processus. Ces approches sont basées sur la comparaison entre le comportement réel du système et un comportement de référence décrit par un modèle mathématique. Cette comparaison se fait en utilisant des indicateurs de fautes, appelés résidus, générés à partir du modèle de référence en ayant recours à des méthodes analytiques, telles que : les observateurs [Staroswiecki, 1991, Frank, 1993, Frank, 1997, Chen, 1999, Ragot, 1993], l'espace de parité [Chow, 1984, Staroswiecki, 2001, Gertler, 1997] ou à des méthodes graphiques telles que les bond graphs et les graphes bipartis [Blanke, 2006, Samantaray, 2006]. Les performances de ces méthodes dépendent fortement du modèle utilisé. Deux types de modèles peuvent être utilisés : les modèles qualitatifs, déduits d'une abstraction graphique (bond graph, graphes causaux, ou biparti) [Samantary, 2008, Blanke, 2006] ou d'une base de connaissance (la logique floue par exemple [Hissel, 2007]) du système physique et les modèles quantitatifs (sous forme analytique). Une fois le modèle généré, les indicateurs de défaillances peuvent être déduits à partir du modèle mathématique en mode défaillant et nor-

12

mal sans aucun apprentissage. Ces indicateurs de fautes sont représentés par les RRAs ou des résidus (qui sont l'évaluation numérique des RRAs). Bon nombre de travaux leur est consacré, citons les synthèses trouvées dans l'article [Frank, 1990], ou l'ouvrage pédagogique de collection [Dubuisson, 2001, Ding, 2008, Blanke, 2006, Patton, 2000]. La génération des résidus à base de modèle analytique peut être réalisée par différentes approches. L'approche par estimation d'état dans le cas déterministe à l'aide des observateurs ou dans le cas stochastique par le filtre de Kalman, génère un écart (résidu) entre les valeurs estimées ou reconstruites et les valeurs de référence mesurées. L'approche par espace de parité conduit à une réécriture des équations d'état et de mesure, dans laquelle seules des variables connues (commandes et sorties) sont autorisées à figurer.

La mise en œuvre des méthodes internes nécessite une modélisation physique précise. Cependant, de nombreux travaux ont été menés pour assouplir cette contrainte (en tenant compte des incertitudes) comme développé dans le présent travail en utilisant la modélisation bond graph qui possède des propriétés comportementale, graphique et causales exploitant ainsi les avantages des modèles qualitatifs et quantitatifs. De plus grâce à son architecture graphique le modèle bond graph permet un placement explicite de capteur.

Le calcul des résidus en temps réel nécessite l'utilisation des différents signaux de mesures, les signaux de commandes et les paramètres du modèle. Théoriquement, le résidu doit être égal à zéro en l'absence du défaut. Néanmoins, en pratique les résidus sont généralement non nuls en fonctionnement normal à cause de la présence des incertitudes paramétriques et des erreurs de

13

mesures. Généralement, ces incertitudes sont dues à la variation incertaine des paramètres du système et aux précisions des capteurs. L'existence des incertitudes paramétriques et de mesure engendre des problèmes au niveau de l'étape de décision tels que l'apparition de fausses alarmes et les non détections de défauts.

Plusieurs travaux de diagnostic robuste aux incertitudes ont été développés en utilisant différentes approches, tels que les réseaux de neurone flous [Zhang, 1996] qui combine les avantages des réseaux de neurones ayant la capacité d'apprentissage, et le raisonnement flou caractérisé par la capacité à traiter l'information incertaine et imprécise. D'autres méthodes robustes à base de modèles quantitatifs ont été développées en utilisant des approches dites actives ou passives. Les méthodes actives visent à générer des résidus robustes insensibles aux perturbations ainsi qu'aux entrées inconnues en utilisant les observateurs à entrées inconnues. Les méthodes dites passives reposent essentiellement sur la génération des seuils robustes aux incertitudes paramétriques et aux erreurs de mesures. Les méthodes les plus utilisées dans la littérature sont celles basées sur la génération des seuils adaptatifs en utilisant les observateurs [Puig, 2003], [Meseguer, 2010] et celles ayant recours à la projection dans l'espace de parité [Han, 2005], [Adort, 1999].

D'autres approches connues sous l'appellation méthodes de filtrage par norme ont été développées ces dernières années [Henry, 2005a], [Ding, 2000], [Grenaille, 2006], [Staroswiecki, 1993]. Ces approches sont basées sur l'utilisation de filtres linéaires afin de minimiser l'effet des incertitudes et maximiser l'effet des défauts sur les résidus en émettant l'hypothèse que les défauts

14

n'agissent pas simultanément selon la même distribution et les mêmes fréquences que les incertitudes.

Les méthodes basées sur les observateurs, l'espace de parité et le filtrage sont bien adaptées à la détection et l'isolation de défauts capteurs et actionneurs. Par contre les paramètres utilisés pour le calcul des résidus n'ont pas une perception physique claire pour qu'ils soient associés aux défauts composants.

Au regard des travaux existant sur ce thème, l'intérêt du modèle bond graph se situe à plusieurs niveaux :

- La démarche est une approche complète pour la conception intégrée d'un système de supervision. La démarche est générique et flexible et n'utilise qu'une seule représentation.
- Grâce aux aspects graphiques et les propriétés structurelles et causales du bond graph, les modèles ainsi que les RRAs peuvent être générées sous forme symbolique et donc adaptées à une implémentation informatique en utilisant des logiciels dédiés.
- Le modèle est basé sur l'approche énergétique, ce qui signifie que l'architecture (topologique, physique et instrumental) est affichée par le graphe. Grâce à l'aspect modulaire et fonctionnel du bond graph, les RRAs sont systématiquement associées aux défauts (capteurs, actionneurs et paramètres physiques) qui peuvent affecter le système.
- L'algorithme de génération des RRAs à partir du modèle bond graph n'est pas seulement limité à des formes particulières du modèle (polynomiale pour la théorie de l'élimination ou linéaire pour la méthode par projection dans le cas de l'espace de parité) mais aussi à des modèles

donnés sous forme empiriques.

Le livre est organisé en cinq parties. La démarche méthodologique est illustrée pas à pas en prenant comme fil conducteur des exemples pédagogiques simples puis par une application réelle d'un robot mobile.

Le premier chapitre est consacré à un état de l'art sur les méthodes de diagnostic robustes les plus utilisées dans la littérature en analysant les avantages et les limites de ces outils et en motivant l'utilisation du bond graph. L'objectif des travaux récents est de développer des techniques de diagnostic robustes aux incertitudes et aux erreurs de modélisation et de mesure. Certaines techniques sont basées sur la prise en considération des incertitudes par des seuils (méthodes passives) et d'autres sont basées sur le découplage des perturbations (méthodes actives). Le problème principal des méthodes passives est la surestimation des seuils qui engendre des non-détections de certains défauts dont l'effet sur les résidus est faible. Le problème de découplage des perturbations est le risque de découplage de certains défauts et les formes particulières que doivent avoir les modèles pour cette tâche. Les méthodes de filtrage (basées sur le traitement du signal) pour le diagnostic robuste ont pour critère la minimisation des effets des incertitudes sur les résidus tout en maximisant leurs influences sur les défauts. Cette méthode ne peut être appliquée que lorsque les défauts et les incertitudes ne possèdent pas simultanément la même distribution et les mêmes fréquences. Les méthodes graphiques pour le diagnostic robuste ont permis de développer les algorithmes de génération des résidus et des seuils adaptatifs en utilisant la représentation bond graph-LFT. Dans notre travail, nous nous distinguons par l'association des incertitudes de mesures pour améliorer la robustesse du diagnostic, en utilisant un seul outil graphique le bond graph pour générer les indicateurs de fautes robustes (aux deux types d'incertitudes), générer des seuils, et estimer les défauts sur l'ensemble des composant physiques du système, ainsi que d'améliorer l'algorithme d'isolation (cf. contributions).

Le deuxième chapitre concerne la représentation des incertitudes de mesures par un modèle bond graph. Cette partie est un complément de la modélisation des incertitudes paramétriques par le bonds graph développée dans [Kam, 2005, Djeziri, 2007]. L'objectif de la modélisation des incertitudes de mesure par le bond graph est d'utiliser ensuite les propriétés de ce bond graph incertain pour la génération de RRAs robustes, l'évaluation quantitative des seuils, et pour l'estimation de défauts (Chapitre 4).

Le troisième chapitre est consacré au développement d'une procédure de diagnostic robuste aux incertitudes paramétriques et aux incertitudes de mesures en utilisant la transformation linéaire fractionnelle sur la base de la représentation bond graph (BG-LFT). L'approche consiste à utiliser le modèle bond graph incertain pour générer des seuils enveloppant les résidus en prenant en considération l'ensemble des incertitudes paramétriques et l'ensemble des incertitudes de mesures. Ainsi, une solution basée sur l'utilisation des filtres linéaires est développée pour résoudre le problème de la surestimation des seuils due à la dérivation numérique des signaux de mesures.

Le quatrième chapitre est consacré au développement d'une méthode de génération des équations d'estimation de défauts en utilisant le BG-LFT. Cette

17

représentation permet de modéliser les défauts paramétriques, actionneurs et capteurs. La génération des équations d'estimation de défauts est réalisée grâce à la notion de bicausalité qui permet l'élimination des variables inconnues. Les propriétés structurelles du modèle BG-LFT bicausal sont exploitées par la suite pour la génération des fonctions de sensibilité qui relient les résidus aux défauts. Ces fonctions sont utilisées pour améliorer la procédure d'isolabilté de défauts ayant la même signature.

Le chapitre 5 présente une application sur un système électromécanique pour valider les algorithmes développés dans ce travail. Le système étudié est un robot omnidirectionnel régi par trois mobilités : longitudinale, latérale et rotation en lacet. La présence de plusieurs capteurs sur le système électromécanique, dédié à la traction permet de générer les relations de redondances analytiques robustes puis d'évaluer les résidus en présence des incertitudes de mesures. De plus, l'analyse de la matrice de surveillabilité a montré qu'aucun défaut n'est isolable sur les éléments physiques et que l'utilisation des équations d'estimation des défauts concernés a permis d'améliorer les performances d'isolabilité. Une conclusion générale et des perspectives sont données à la fin de ce manuscrit.

Chapitre 1

Etat de l'art

1.1 Introduction

Le système de diagnostic s'avère indispensable pour assurer le bon fonctionnement des systèmes dynamiques et aussi augmenter leurs performances en garantissant une meilleure fiabilité. En effet, le système de diagnostic permet d'indiquer au système de contrôle l'état de fonctionnement d'un système dynamique que ce soit en mode normal ou en mode défaillant. La robustesse du système de diagnostic permet d'éviter les cas de non détection et de fausses alarmes, ce qui permet d'éviter ainsi les situations accidentogènes et catastrophiques. Les algorithmes de diagnostic consistent principalement à comparer le comportement réel du système avec un comportement de référence représentant le fonctionnement normal. Cette comparaison permet de détecter les changements de comportement dus à l'apparition des défauts. Deux classes de diagnostic ont été développées dans la littérature ces dernières décennies. Appelées aussi des approches de détection et d'isolation de défauts, comme sous l'annotation anglaise FDI (fault detection and isolation), elles se distinguent par rapport au type d'informations disponibles pour décrire le

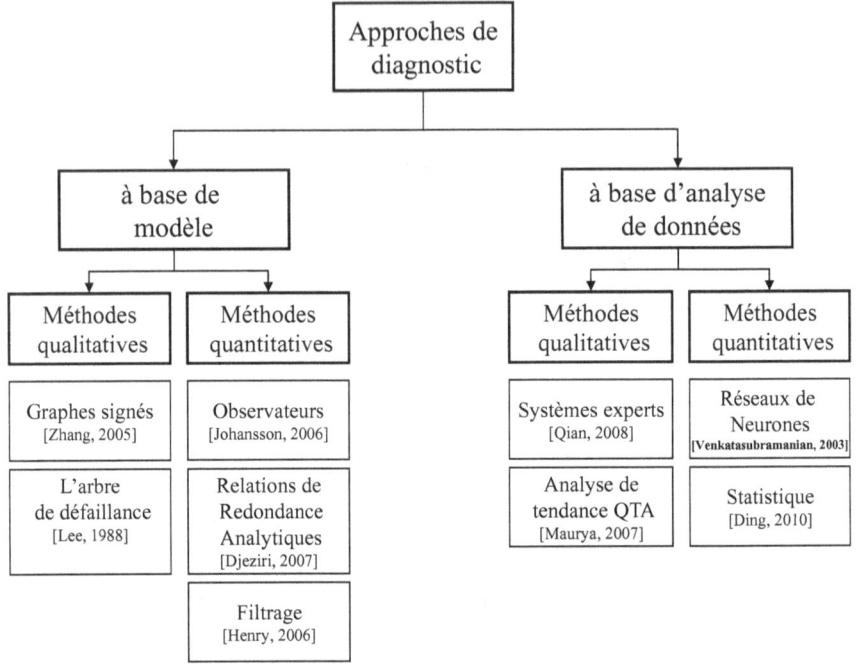

Figure 1.1 – Clasification des methodes de diagnostic.

comportement des systèmes dynamiques. Ainsi, ces différentes techniques de diagnostic peuvent être classifiées en deux approches : à base de modèle et à base d'analyse de données comme le montre la Figure 1.1.

Les approches de diagnostic à base de modèle se distinguent par deux méthodes : quantitatives et qualitatives. Les méthodes quantitatives sont basées sur les relations mathématiques reliant les entrées et les sorties et décrivant le comportement normal du système. Ces relations sont calculées à partir des lois fondamentales de la physique, ou bien en utilisant un outil graphique tel que le bond graph qui décrit les échanges de puissance entre les différents composants du système. Quant aux méthodes qualitatives, elles se basent sur les relations décrivant les fonctions qualitatives du système.

Les approches à base d'analyse de données ne s'appliquent qu'en cas de disponibilité d'une grande quantité de données historiques sur le système à surveiller. Ils existent plusieurs méthodes qui permettent de traiter, de transformer et d'analyser ces données pour qu'elles soient utilisables pour le diagnostic. Ces méthodes sont basées sur l'extraction des caractéristiques qualitatives ou quantitatives de ces données.

1.2 Méthodes de diagnostic à base d'analyse de données

Les méthodes de diagnostic à base d'analyse de données peuvent être classifiées en deux catégories : Les méthodes quantitatives et les méthodes qualitatives. Les méthodes qui permettent d'extraire les informations quantitatives peuvent être statistiques ou non statistiques. Parmi les méthodes non statistiques les plus utilisées dans la littérature nous trouvons celles qui se basent sur le principe de l'intelligence artificielle tels que les réseaux de neurones et les réseaux de neurone flous. Le principe de cette méthode consiste, à utiliser des réseaux de neurones, où les entrées représentent les effets et les sorties représentent les causes, afin d'approximer les relations linéaires ou non-linéaires de causes à effets. En effet, l'approximation est effectuée après le choix de la structure et de la méthode d'apprentissage des réseaux de neurones. Parmi ces méthodes d'apprentissage, celle la plus utilisée pour le diagnostic est la méthode de retro-propagation [Venkatasubramanian, 2003], [Venkatasubramanian, 1989], [Ungar, 1990], [Kowalski, 2003], [Barakat, 2011].

Les réseaux de neurones flous peuvent aussi être utilisés pour le diagnostic des systèmes incertains [Zhang, 1996], [Hasegawa, 1993], [Horikawa, 1992], ainsi en combinant les avantages des réseaux de neurones, ayant la capacité d'apprentissage, avec le raisonnement flou qui est capable de traiter l'information incertaine et imprécise, la robustesse de la décision peut être améliorée dans certaines situations. Les limites de ces méthodes quantitatives restent la durée allouée à l'apprentissage et le type de défauts à diagnostiquer.

D'autre part, les méthodes statistiques sont généralement basées sur un problème de reconnaissance de formes à savoir la classification des données, qui vise à associer chaque mode de fonctionnement à une classe spécifique, où les causes sont les défauts considérés et les effets sont les mesures de capteurs. Parmi ces méthodes, on peut citer l'Analyse en Composants Principales ACP [Ding, 2010].

Ainsi les méthodes qualitatives est basé sur l'intelligence artificielle comme les systèmes experts et l'analyse de tendance [Maurya, 2007],[Qian, 2008]. Néanmoins, la difficulté de ces approches réside dans la prise de décision au voisinage des frontières des classes.

1.3 Méthodes de diagnostic à base de modèle

Les méthodes à base de modèles peuvent être quantitatives ou qualitatives. Elles sont basées sur l'utilisation des modèles analytiques ou graphiques pour décrire les relations entre les entrées et les sorties du système [Lee, 1988], [Zhang, 2005]. Dans cette partie, on s'intéresse uniquement aux approches quantitatives à base de modèles pour la détection et l'isolation de défauts.

L'algorithme de diagnostic repose essentiellement sur l'utilisation de modèle du système pour la génération des résidus, connus aussi sous le nom d'indicateurs de fautes. Ces derniers décrivent des relations analytiques comparant les dynamiques modélisées avec ceux mesurées d'un système physique. Parmi ces méthodes nous citons : Les observateurs, les Relations de Redondances Analytiques (RRA), et le filtrage. Les résidus sont théoriquement nuls en l'absence de défauts sur le système, des incertitudes paramétriques, des erreurs de mesures et des erreurs de modélisation.

La procédure de diagnostic à base de modèles se résume en cinq étapes (Figure 1.2) :

1. Synthèse du modèle dynamique du système.

2. Génération des résidus.

3. Détection du défaut.

4. Isolation de défaut.

5. Estimation du défaut.

En cas de défaut, les résidus sensibles divergent de leurs valeurs normales calculées en l'absence de défauts (zéro dans le cas idéal) ce qui permet la détection de ce défaut lorsque l'évolution de signal du résidu se fait en dehors des seuils de détection. L'isolation de défauts est effectuée en utilisant la signature obtenue à partir des résidus sensibles à chaque défaut.

L'existence des incertitudes paramétriques, des erreurs de mesures, et des erreurs de modélisation pourrait engendrer de fausses alarmes et/ou des situations de non détection du défaut. À ce propos, lorsque les incertitudes ne sont pas prises en considération, la confiance sur la décision du système

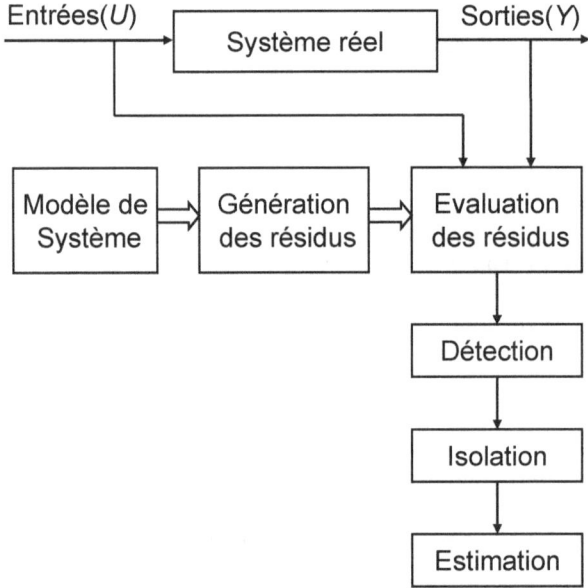

Figure 1.2 – La procédure de diagnostic à base de modèle.

de diagnostic diminue. Dans le but de résoudre cette problématique, plusieurs méthodes robustes de détection de défauts (connues sous la terminologie anglaise Robuste Fault Detection and Isolation RFDI) ont été proposées dans la littérature [Han, 2005], [Adort, 1999], [Henry, 2001], [Zolghadri, 1996], [Djeziri, 2007], [Rank, 1999]. La plupart de ces méthodes visent à éliminer ou à minimiser les effets des incertitudes sur les résidus, tandis que d'autres ont recours au découplage entre la partie incertaine et la partie nominale de la relation de redondance analytique (RRA). Ce découplage permet de générer le seuil moyennant la valeur maximale relative à la partie incertaine.

1.3.1 Méthodes basées sur les observateurs

Les observateurs sont très utilisés dans la littérature pour le diagnostic des systèmes linéaires et non-linéaires [Ding, 2008]. Le principe du diagnostic à base d'observateur consiste à comparer les mesures réelles du système avec des mesures estimées à l'aide d'un observateur, ce qui permet l'obtention des résidus. Cette méthode a été appliquée pour résoudre plusieurs problèmes de détection et d'isolation des défauts de capteurs et d'actionneurs. Dans ce cas, les résidus sont définis comme étant l'écart éventuellement pondéré entre les sorties estimées et les sorties mesurées. En présence d'un défaut, les résidus sensibles doivent être non-nuls pour pouvoir le détecter et l'isoler. Toutefois, les résidus ne sont pas nuls en fonctionnement normal à cause de la présence des perturbations, ainsi que la présence des incertitudes paramétriques et de mesures. L'effet des perturbations et des incertitudes peut engendrer des difficultés au niveau de l'étape de décision (Figure 1.3). Pour résoudre ce problème, plusieurs approches de diagnostic robuste à base d'observateurs ont été

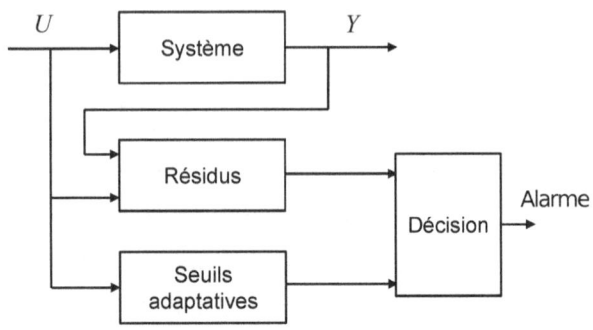

Figure 1.3 – Principe de prise de décision en diagnostic.

développées [Ding, 2002], [Jiang, 2005], [Johansson, 2006], [Meseguer, 2010], [Khan, 2011].

Ces approches robustes reposent essentiellement sur le choix des seuils, en étudiant les propriétés des résidus [Johansson, 2006], ou bien sur le rejet de perturbations en utilisant la technique des observateurs à entrées inconnues [Frank, 1997].

Dans le cas où les paramètres du modèle sont incertains, la méthode des intervalles est souvent utilisée. La robustesse peut être obtenue en générant des résidus robustes ou bien en utilisant des seuils de détection. Les méthodes qui utilisent l'évaluation des résidus font généralement recours à des seuils adaptatifs qui varient en fonction des entrées du système en tenant compte les incertitudes [Puig, 2003]. Ces méthodes sont aussi dites passives [Meseguer, 2010]. Il est montré dans [Chen, 1999] que le résidu généré par observateur de Luenberger peut s'écrire de la forme fréquentielle suivante :

$$r(p) = H_u U(p) + H_y Y(p) = 0$$

où H_u et H_y sont des matrices de transfert qui dépendent des dynamiques du système et les gains de l'observateur. p est l'opérateur de Laplace.

Considérons les équations d'état suivantes :

$$\begin{cases} \dot{x}(t) = (A + \Delta A)x(t) + (B + \Delta B)u(t) + E_1 d(t) + R_1 f(t) \\ y(t) = (C + \Delta C)x(t) + (D + \Delta D)u(t) + E_2 d(t) + R_2 f(t) \end{cases}$$

où x est le vecteur d'état du système, u est le vecteur d'entrées, d est le vecteur de perturbations, f est le vecteur de défauts, $A, B, C, D, E_1, E_2, R_1$ et R_2 sont des matrices de dimensions appropriées, $\Delta A, \Delta B, \Delta C$ et ΔD sont des matrices qui représentent les différentes incertitudes paramétriques et de mesures. La fonction de transfert du système peut s'écrire sous la forme suivante :

$$Y(p) = (G_u(p) + \Delta G_u(p))U(p) + G_d(p)D(p) + G_F(p)F(p)$$

$$Y(p) \xrightarrow{\mathcal{L}^{-1}} y(t) ;$$
$$U(p) \xrightarrow{\mathcal{L}^{-1}} u(t) ;$$
$$D(p) \xrightarrow{\mathcal{L}^{-1}} d(t) ;$$
$$F(p) \xrightarrow{\mathcal{L}^{-1}} f(t) ;$$

où $G_d(p)d(p)$ représente l'effet des perturbations :

$$G_d(p)D(p) = E_2 + C(pI + A)^{-1}E_1$$

$\Delta G_u(p)$ représente les incertitudes.

En considérant les incertitudes et les perturbations :

$$r(p) = H_y(p)G_F(p)F(p) + H_y(p)\Delta G_u(s)U(p) + H_y(p)G_d(p)D(p)$$

Si les perturbations sont découplées ($H_y(p)G_d(p)D(p) = 0$), et si le système est en fonctionnement normal ; alors on peut écrire :

$$r(p) = H_y(p)\Delta G_u(p)U(p)$$

Si $\|\Delta G_u(p)\| \leq \delta$, ($\delta$ est un nombre réel positif) les seuils adaptatifs $T(p)$ peuvent être générés en utilisant l'équation suivante :

$$T(p) = \delta H_y(p)u(p)$$

Dans ce cas, le défaut est détecté si $\|r(p)\| > \|T(p)\|$. $\|.\|$ est le norme L_2.

1.3.2 Méthodes de filtrage

Les méthodes de filtrage sont très utilisées pour le diagnostic robuste des systèmes linéaires [Edelmayer, 1994], [Edelmayer, 1996], [Rambeaux, 2000], [Henry, 2006]. Elles permettent de maximiser la sensibilité des résidus aux défauts et en même temps de minimiser les effets des entrées inconnues sur les résidus. Dans les approches basées sur la synthèse directe du filtre, le résidu est défini comme étant la différence entre une combinaison linéaire des sorties et des entrées et de leurs estimations respectives [Henry, 2005a], [Henry, 2005b]. L'objectif de la détection robuste des défauts par filtrage consiste à minimiser l'effet des perturbations sur le résidu d'une part et de maximiser l'effet des

28

défauts sur le résidu de l'autre part. Ce dernier peut être défini comme suit :

$$r(t) = \Psi\left(d(t), f(t)\right)$$

En fonctionnement normal, $r(t)$ doit idéalement égale à zéro, et différent de zéro en cas de la présence d'un défaut, donc on peut écrire :

$$\begin{cases} \Psi(d(t), 0) = 0 \\ \Psi(d(t), f(t)) \neq 0 \end{cases}$$

Cela peut être exprimé par un découplage parfait entre l'effet des perturbations et l'effet des défauts sur le résidu, qui n'existe pas toujours à cause des contraintes structurelles et la connaissance imparfaite de l'effet des perturbations. Dans ce cas, le problème devient approximatif (équation 1.1) :

$$\begin{cases} \Psi(d(t), 0) < \alpha \\ \Psi(d(t), f(t)) > \beta \end{cases} \tag{1.1}$$

Où α et β sont les niveaux respectifs de la robustesse vis-à-vis des perturbations d et de la sensibilité vis-à-vis des défauts f. Pour résoudre ce problème, des formulations ont été proposées dans [Ding, 2000], [Staroswiecki, 1993]. Les formulations les plus utilisées sont :

1. minimiser le rapport (ou la différence) entre l'effet de d sur r par rapport à l'effet de f sur r (équation 1.2 et 1.3).

$$min\left(\|T_{rd}\|_- - \|T_{rf}\|_\infty\right) \tag{1.2}$$

ou

$$min \left(\frac{\|T_{rd}\|_\infty}{\|T_{rf}\|_-} \right) \tag{1.3}$$

2. maximiser l'effet de d sur r d'une part et minimiser l'effet de d sur r d'autre part (équation 1.4) :

$$min \|Trd\|_\infty \; et \; max \|Trd\|_- \tag{1.4}$$

$\|T_{rd}\|_\infty$ est la norme H_∞ (Annexe A) de la fonction de transfert entre le résidu r et les perturbations d.

$\|T_{rf}\|_-$ est la norme H_- (Annexe A) de la fonction de transfert entre le résidu r et les défauts f.

La norme H_- est définie sur une zone de fréquences spécifiée sur laquelle on cherche à atteindre l'objectif de la sensibilité et dans laquelle on suppose que les défauts se manifestent [Henry, 2005a].

Le calcule de des normes H_e, H_2, H_∞ et H_- se fait comme suit :

Calcul de norme H_2

$$\|r\|_2 = \left(\int_{-\infty}^{+\infty} r^T(t)r(t)dt \right)^{1/2}$$

$$\|r\|_2 = \left(\frac{1}{2\pi} \int_{-\infty}^{+\infty} r^{\chi}(\omega) r(\omega) d\omega \right)^{1/2}$$

avec $r^T(t)$ la transpose du résidu $r(t)$ dans le domaine temporel, et $r^{\chi}(\omega)$ le conjugue transpose du résidu $r(\omega)$ dans le domaine fréquentiel.

Calcul de norme H_e (H_2 tronqué)

$$\|r\|_e = \|r\|_{e,\tau} = \left(\int_{t_1}^{t_2} r^T(t) r(t) dt \right)^{1/2}$$

avec $\tau = t_2 - t_1$.

$$\|r\|_e = \|r\|_{e,\omega} = \left(\frac{1}{2\pi} \int_{\omega_1}^{\omega_2} r^{\chi}(\omega) r(\omega) d\omega \right)^{1/2}$$

avec $W = \omega_2 - \omega_1$.

Norme H_∞ et H_-

Soit $u(t) \in \mathbb{R}^p$ et $y(t) \in \mathbb{R}^m$ respectivement les signaux d'entrée et de sortie d'une matrice de transfert $M(s) \in RH_\infty$:

Calcul de norme H_∞ (notion de maximum d'amplification énergétique de u par M)

$$\|M\|_\infty = \max_{u \neq 0} \left(\frac{\|y\|_2}{\|u\|_2} \right) = \max_{\|u\|_2 \neq 1} \|y\|_2$$

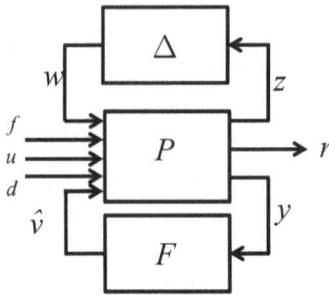

Figure 1.4 – La procédure de diagnostic à base de filtrage.

$$\|M\|_\infty = \sup_\omega \sigma_{\max}\left(M\left(j\omega\right)\right)$$

avec σ_{max} valeur singulière maximale de M.

Calcul de norme H_- (notion de minimum d'amplification énergétique de u par M)

$$\|M\|_- = \min_{u\neq 0}\left(\frac{\|y\|_2}{\|u\|_2}\right) = \min_{\|u\|_2\neq 1}\|y\|_2$$

$$\|M\|_- = \inf_\omega \sigma_{\min}\left(M\left(j\omega\right)\right)$$

avec σ_{min} valeur singulière minimale de M.

Pour expliquer la procédure de diagnostic en utilisant cette approche, prenons l'exemple proposé par [Henry, 2006] où le schéma général de diagnostic est illustré dans la Figure 1.4 tels que :

$$P : \begin{cases} \dot{x}(t) = Ax(t) + B_1 d(t) + B_{2d} d(t) + B_{2f} f(t) \\ \\ z(t) = C_1 x(t) + D_{11} w(t) + D_{12d} d(t) + D_{12f} f(t) \\ \\ y(t) = C_2 x(t) + D_{21} w(t) + D_{22d} d(t) + D_{22f} f(t) \end{cases}$$

d représente les perturbations externes, f les défauts affectant le système, z et w sont des signaux fictifs internes au modèle, x est le vecteur d'état, y est la sortie du modèle, $A, B_1, B_{2d}, B_{2f}, C_1, D_{11}, D_{12d}, D_{12f}, C_2, D_{21}, D_{22d}, D_{22f}$ sont des matrices de dimensions appropriées.

Le résidu est calculé en utilisant l'équation suivante :

$$r(t) = v(t) - \hat{v}(t) = Wy(t) - \hat{v}(t)$$

v est la sortie du filtre F, qui correspond à l'estimation de $v = Wy$.

$$F : \begin{cases} x_F(t) = A_F x_F(t) + B_F y(t) \\ \\ \hat{v}(t) = C_F x(t) + D_F y(t) \end{cases}$$

A_F, B_F, C_F, D_F sont les matrices du filtre.

$$\Delta = \left\{ diag\left(\delta_1^r I_{k_1}, ..., \delta_{m_r}^r I_{k_{m_r}}, \delta_1^c I_{k_{m_r+1}}, ..., \delta_{m_c}^c I_{k_{m_r+1}}, \Delta_1^c, ..., \Delta_{m_c}^c \right) \right\}$$

$$w(t) = \Delta z(t)$$

δ_i^r et δ_i^c définissent les ensembles scalaires répétés réels et complexes et Δ_i^c constituent l'ensemble des matrices pleines complexes. L'objectif est de concevoir un filtre stable pour que : $\|T_{rd}\|_\infty < \gamma_1, \|\Delta\|_\infty < 1$ et $\|T_{rf}\|_- > \gamma_2$, tel que γ_2 soit le plus grand possible et γ_1 le plus petit possible pour assurer la meilleure sensibilité des résidus aux défauts.

Les approches de filtrage peuvent être une solution pour résoudre les problèmes dus aux incertitudes dans le cas où l'ensemble de ces incertitudes n'interviennent pas à la même fréquence que celle des défauts.

1.3.3 Méthodes basées sur l'espace de parité

L'espace de parité est une méthode basée sur la projection de l'espace d'état sur autre un espace, connu sous le nom espace de parité; l'objectif est d'éliminer les variables inconnues que sont les états du système. Cette méthode de projection dans un espace de parité a été initialement proposée par [Chow, 1980] et [Chow, 1984]. Cette approche est appliquée généralement sur les systèmes linéaires à temps invariant pour détecter et isoler les défauts qui peuvent affecter les entrées et les mesures. Le principe de cette méthode a été utilisé pour développer des méthodes de diagnostic robuste en prenant en considération des incertitudes de mesures et paramétriques [Han, 2005] et [Adort, 1999]. Dans [Han, 2005], l'espace d'état en temps discret est utilisé pour modéliser les incertitudes de mesures, les entrées et les paramètres afin de générer les seuils de détection.

L'ensemble des incertitudes peut être représenté sur les équations d'état et de mesures, tel qu'il est montré dans [Han, 2005], de la façon suivante (équation 1.5) :

$$\begin{cases} x_{k+1} = (A_n + \delta_A)x_k + (B_n + \delta_B)u_k + E_1 d_k \\ y_k = C x_k + o_k \end{cases} \tag{1.5}$$

Où A_n est la matrice nominale d'état du système. B_n est la matrice nominale de commande. δ_A et δ_B sont les incertitudes additives sur les matrices A et B.

Les incertitudes sur les matrices A et B, et les perturbations d_k peuvent être regroupées dans un seul vecteur e_k, tel que :

$$\begin{cases} x_{k+1} = A_n x_k + B_n u_k + e_k \\ y_k = C x_k + o_k \end{cases} \tag{1.6}$$

Où que $e_k = \delta_A x_k + \delta_B u_k + E d_k$.

En cas de présence d'un défaut capteurs ou actionneurs, les équations d'état deviennent :

$$\begin{cases} x_{k+1} = A_n x_k + B_n u_k + e_k + B_n f_k^u \\ y_k = C x_k + o_k + f_k^y \end{cases} \tag{1.7}$$

Le vecteur e_k est supposé borné : $\|e_k\| \leq L_m$, avec $\|.\|$ est la norme L_2. Pour la génération des résidus, on commence de l'instant $k - s$, s est la longueur de la fenêtre d'observation, on obtient :

$$
\begin{aligned}
y_{s,k} - H_s u_{s-1,k-1} &= \Gamma_s x_{k-s} + f_{s,k}^y + H_s f_{s-1,k-1}^u + G_s e_{s-1,k-1} + o_{s,k} \\
&= [\Gamma_s | G_s] \begin{bmatrix} x_{k-s} \\ e_{s-1,k-1} \end{bmatrix} + f_{s,k}^y + H_s f_{s-1,k-1}^u + o_{s,k}
\end{aligned}
\tag{1.8}
$$

Où Γ_s est la matrice d'observabilité d'ordre n.

$$\Gamma_s = \begin{bmatrix} (C)^T & (CA_n)^T & ... & (CA_n^s)^T \end{bmatrix}^T$$

et H_s et G_s sont des matrices triangulaires inférieures.

$$H_s = \begin{bmatrix} 0 & 0 & \cdots & 0 \\ CB_n & 0 & \cdots & 0 \\ \vdots & \vdots & \ddots & \vdots \\ CA_n^{s-1}B_n & CA_n^{s-2}B_n & \cdots & CB_n \end{bmatrix}$$

$$G_s = \begin{bmatrix} 0 & 0 & \cdots & 0 \\ C & 0 & \cdots & 0 \\ \vdots & \vdots & \ddots & \vdots \\ CA_n^{s-1} & CA_n^{s-2} & \cdots & C \end{bmatrix}$$

En l'absence de défauts actionneurs, l'équation (1.8) prend la forme suivante :

$$y_{s,k} - H_s u_{s-1,k-1} = [\Gamma_s | G_s] \begin{bmatrix} x_{k-s} \\ e_{s-1,k-1} \end{bmatrix} + o_{s,k} + f_{s,k}^y$$

Pour éliminer l'etat x, on cherche une matrice W orthogonale à la matrice $[\Gamma_s | G_s]$ telle que $W [\Gamma_s | G_s] = 0$.

$$\overbrace{W y_{s,k} - W H_s u_{s-1,k-1}}^{r} = \underbrace{W o_{s,k} + W f_{s,k}^y}_{a}$$

On remarque que l'équation obtenue est composée de deux parties r et a. La partie r représente la forme de cacul de résidu telle que :

$$r = W [I_s| - H_s] \begin{bmatrix} y_{s,k} \\ u_{s-1,k-1} \end{bmatrix}$$

tandis que la partie a représente la forme d'évaluation :

$$a = W o_{s,k} + W f_{s,k}^y$$

Pour la détection des défauts actionneurs, les défauts sur les capteurs sont négligés. Par conséquent, l'équation (1.8) est réduite à :

$$y_{s,k} - H_s u_{s-1,k-1} = [\Gamma_s | G_s] \begin{bmatrix} x_{k-s} \\ e_{s-1,k-1} \end{bmatrix} + H_s f_{s-1,k-1}^u + o_{s,k} \qquad (1.9)$$

La détection de défauts actionneurs peut être réalisée après un choix de la matrice W, de telle sorte que l'état x_{k-s} soit éliminé, et que $WG_s.e_{s-1,k-1} \neq 0$. Dans ce cas, la forme d'évaluation est obtenue en fonction des perturbations et des incertitudes paramétriques représentées par le vecteur e_k et des bruits de mesure représentés par le vecteur o_k.

1.3.4 Méthodes graphiques pour le diagnostic robuste

Les approches précédentes mettent en jeux des formalismes mathématiques qui peuvent être jugés parfois complexes (modèle d'état, utilisation de normes matricielles ...) ; Cette dernière décennie, plusieurs travaux de diagnostic robuste à base de modèles graphiques ont vu le jour. Parmi les plus connus, nous citons l'approche du bond graph. Cet outil unifié et multi-physique pour la modélisation est adaptée à la synthèse du diagnostic robuste, grâce à ces propriétés comportementale, causale et structurelle [Ould Bouamama, 2005] et [Samantaray, 2006]. L'outil du bond graph a servi pour la représentation graphique des incertitudes paramétriques dans les travaux de [Kam, 2001].

Cette représentation est basée sur le principe de Transformations Linéaires Fractionnelles appliquées au bond graph, connues sous la terminologie anglaise Linear Fractional Transformations (LFT). Cette modélisation LFT-BG reprise dans les travaux de [Djeziri, 2007], a permis de développer des algorithmes de diagnostic robuste aux défauts actionneurs, en présence d'incertitudes paramétriques. Le choix de la forme LFT pour la modélisation des incertitudes paramétriques avec les bonds graphs, a permis d'utiliser un seul outil pour : la génération des résidus, la génération des seuils adaptatifs de fonctionnement normal et l'analyse de sensibilité. Les incertitudes paramétriques sont structurées et leurs origines sont biens connues, ce qui facilite leur évaluation. La méthode de diagnostic robuste par bond graph en LFT permet d'évaluer les incertitudes et de les introduire dans le calcul des seuils adaptatifs de fonctionnement. Ainsi, les performances du diagnostic sont choisies grâce à l'analyse de la sensibilité des résidus aux incertitudes et aux défauts, où l'indice de détectabilité est calculé afin d'estimer à priori la valeur détectable d'un défaut. Cette approche de diagnostic robuste a été appliquée à plusieurs systèmes de différentes nature ; un système électromécanique [Djeziri, 2007] pour la détection des défaillances mécaniques de type jeu et frottement et un système de génie de procédé [Djeziri, 2009], pour la détection de fuites dans un générateur de vapeur.

Dans le cadre de notre travail de thèse, nous avons contribué dans le diagnostic robuste à base de modèle bond graph pour la détection de fautes sur les entrées (actionneurs), les sorties (capteurs) et les composants du système, en considérant les incertitudes de mesures [Touati, 2012]. Ces incertitudes de mesures sont représentées de façon structurée sur un modèle bond graph, où leur influence sur le fonctionnement des autres composants peut être quantifiée. Ceci peut se faire en évaluant le phénomène de propagation de l'énergie ramenée par ce type d'incertitudes sur les autres composants du système, directement à partir du bond graph. Nous avons par ailleurs exploité la notion de bi-causalité appliquée au modèle bond graph pour l'estimation des défauts. Ces défauts sont représentés graphiquement par un ensemble de sources et détecteurs en parallèle du composant défaillant. La puissance délivrée par le défaut peut être estimée par la connaissance des deux variables de puissance (effort et flux). Enfin, pour améliorer l'isolation des défauts ayant la même signature, nous avons utilisés des fonctions de sensibilité au défaut par le résidu.

1.4 Conclusion

Dans ce chapitre, nous avons présenté les méthodes de diagnostic connues de la comunauté de diagnostic car originales. L'objectif des travaux récents est de développer des techniques de diagnostic robustes aux incertitudes et aux erreurs de modélisation. Certaines méthodes sont basées sur la prise en considération des incertitudes par des seuils (méthodes passives) et d'autres sont basées sur le découplage des perturbations (méthodes actives). Le problème général des méthodes passives est la surestimation des seuils qui engendre des non-détections de certains défauts dont l'effet sur les résidus est faible. En outre, le problème de découplage des perturbations peut engendrer le découplage de certains défauts. Quand aux méthodes de filtrage, elles sont aussi très utilisées ces dernières années pour le diagnostic robuste en essayant de minimiser les effets des incertitudes sur les résidus et en même temps maximiser les effets des défauts sur ceux-ci. Les méthodes graphiques pour le diagnostic robuste ont permis de développer les algorithmes de génération des résidus et des seuils adaptatifs en utilisant la représentation BG-LFT. Dans notre travail, nous nous distinguons par l'association des incertitudes de mesures pour améliorer la robustesse du diagnostic, en utilisant un seul outil graphique le bond graph. Cet outil graphique nous a permis par ailleurs d'estimer les défauts sur l'ensemble des composant physiques du système, ainsi que d'améliorer l'algorithme l'isolation.

Chapitre 2

Modelisation des incertitudes par bond graph

2.1 Introduction

Les performances d'un système de diagnostic dépendent principalement du modèle. L'étape de modélisation est donc la plus importante dans la conception du système de surveillance. L'outil bond graph, qui a prouvé son efficacité pour construire des modèles de connaissance de systèmes multiphysiques, est utilisé dans ce travail comme un outil de modélisation, d'analyse structurelle et de génération des indicateurs de fautes. Dans ce chapitre, nous rappelons la modélisation des incertitudes paramétriques par l'outil bond graph ainsi que le développement d'une procédure de modélisation des incertitudes de mesures directement et systématiquement sur le modèle graphique. Cette procédure est utilisée par la suite pour le développement d'un algorithme pour la génération des seuils des résidus robustes aux incertitudes de mesure.

2.2 Modélisation des systèmes dynamiques par bond graph

2.2.1 Elément de base du bond graph

Le Bond graph (graphe à liens) est un outil de modélisation multiphysique basé sur l'analogie et l'échange de puissance capable de modéliser avec un seul langage les systèmes indépendamment de leur nature physique. Plusieurs ouvrages ont été consacrés à la théorie des bond graphs [Dauphin,2000] et [Samantary, 2008], aux applications dans le domaine de la mécatronique [Damić, 2003], ou au génie énergétique et chimique [Thoma, 2000].

Le bond graph est un outil de modélisation basé sur deux grands principes : la représentation graphique des échanges de puissance au sein d'un système et l'analogie entre variables de différents domaines physiques. L'échange de puissance entre deux éléments d'un système est représenté comme indiqué Figure 2.1) par une demi flèche (appelée "lien" ou "bond") qui porte deux variables dites "variables de puissance", appelées par un nom générique "effort" et "flux", le produit de ces deux variables représente la puissance instantanée transportée par ce lien. Le sens de la demi-flèche montre le sens de la puissance échangée. En plus de cet aspect énergétique, les bond graphs possèdent des propriétés causales importantes pour l'analyse des systèmes de diagnostic. La causalité, représentée sur le bond graph à l'aide d'un "trait causal" placé perpendiculairement à la demi-flèche, permet la visualisation, au sens schéma-bloc, des relations de "cause à effet", ou "entrée - sortie" ou "donnée - inconnue". C'est un des avantages majeurs de la technique bond graph pour écrire systématiquement les équations, pour détecter des incohérences dans les équations ou pour parcourir le bond graph comme un graphe. La convention est la suivante : le trait causal est placé près de l'élément pour lequel l'effort est une donnée, et loin de l'élément pour lequel le flux est connu (Figure2.1).

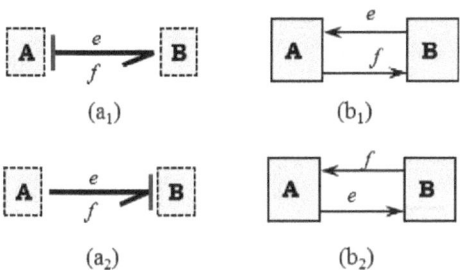

Figure 2.1 – (a) Modèle bond graph causal. (b) Bloc diagramme correspondant.

Pour représenter tous les phénomènes d'apport de puissance et de transformation de la puissance fournie en énergie stockée ou dissipée, neuf éléments bond graphs (plus deux détecteurs d'effort, De et de flux, Df qui représentent des capteurs d'effort et de flux supposés idéaux, donc non consommateurs de puissance) sont définis et représentés Figure 2.2. L'échange de puissance en bond graph est représenté par une demi-flèche alors que l'échange d'information (issue d'un capteur ou d'un contrôleur) est modélisé par une flèche.

2.2.2 Chemins causaux

Le parcours d'un modèle bond graph peut se faire en suivant le transfert de la puissance (à l'aide des "lignes de puissance") ou en suivant la propagation de la causalité (comme pour les graphes orientés).

Un chemin causal (Figure 2.3) dans une structure de jonction bond graph est une alternance de liens et d'éléments de base, appelés "nœuds", telle que

Eléments		Représentation	Equation Constitutive	Désignation
Sources		Se:e $\xrightarrow{\;e\;}_{f}$	$\begin{cases} e(t) \text{ imposé par la source} \\ f(t) \text{ arbitraire} \end{cases}$	Source of effort
Sources		Sf:f $\xrightarrow{\;e\;}_{f}$	$\begin{cases} f(t) \text{ imposé par la source} \\ e(t) \text{ arbitraire} \end{cases}$	Source of flow
Elements passifs	Dissipation d'énergie	$\xrightarrow{\;e\;}_{f}$ R	$\Phi_R(e,f)=0$	Résistance
Elements passifs	Stockage d'énergie	$\xrightarrow{\;e\;}_{f}$ C	$\Phi_C\left(e,\int f dt\right)=0$	Capacité
Elements passifs	Stockage d'énergie	$\xrightarrow{\;e\;}_{f}$ I	$\Phi_I\left(f,\int e dt\right)\ 0$	Inertie
Jonctions	Transformateurs	$\xrightarrow[f_1]{e_1}$ TF $\xrightarrow[f_2]{e_2}$:m	$\begin{cases} e_1 = me_2 \\ f_2 = mf_1 \end{cases}$	Transformateur
Jonctions	Transformateurs	$\xrightarrow[f_1]{e_1}$ GY $\xrightarrow[f_2]{e_2}$:r	$\begin{cases} e_1 = rf_2 \\ e_2 = rf_1 \end{cases}$	Gyrateur
Jonctions	Jonctions	$\xrightarrow[f_1]{e_1}$ 0 $\xrightarrow[f_2]{e_2}$ $\downarrow{f_3}\ e_3$	$\begin{cases} e_1 = e_2 = e_3 \\ f_1 - f_2 + f_3 = 0 \end{cases}$	Jonction « zéro »: même effort
Jonctions	Jonctions	$\xrightarrow[f_1]{e_1}$ 1 $\xrightarrow[f_2]{e_2}$ $\downarrow{f_3}\ e_3$	$\begin{cases} f_1 = f_2 = f_3 \\ e_1 - e_2 + e_3 = 0 \end{cases}$	Jonction « un »: même flux
Capteurs	Sensors	$\xrightarrow[f=0]{e}$ De:e	$\begin{cases} e = e(t) \\ f = 0 \end{cases}$	Détecteurs de flux (Df) et d'effort (De)
Capteurs	Sensors	$\xrightarrow[f]{e=0}$ Df:f	$\begin{cases} f = f(t) \\ e = 0 \end{cases}$	Détecteurs de flux (Df) et d'effort (De)

Figure 2.2 – Eléments du langage Bond graph.

(i) tous les nœuds ont une causalité complète et correcte et (ii) deux liens du chemin causal ont en un même nœud des orientations causales opposées. Chaque lien du bond graph étant porteur de deux variables, "e" et "f", il est possible de parcourir le bond graph en suivant deux chemins, soit en suivant la variable effort soit en suivant la variable flux. Le chemin peut être mixte direct, si son parcours comporte un gyrateur imposant le changement de variable suivie (Figure 2.3- a) ou mixte indirect s'il passe par un élément passif R, I ou C (Figure 2.3-b).

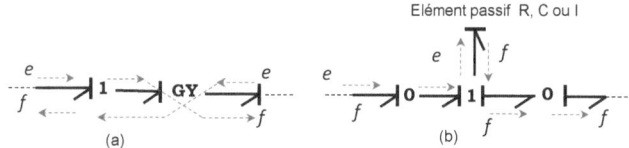

Figure 2.3 – Chemins causal mixte direct (a) et mixte indirect (b)

Un parcours de chemin causal permet de déterminer par exemple les conditions d'observabilité (chemin d'une variable d'état à un capteur) et d'atteignabilité ou commandabilité (chemin d'une source à une variable d'état) [Dauphin,2000]. Dans le cas du diagnostic, on s'intéressera à l'élimination de variables inconnues (pour la génération des RRAs), dans ce cas les sommets du graphe sont les variables inconnues et les destinations sont les variables connues (mesures ou sources).

2.2.3 Bond graph, digraphe et graphe biparti

Ils existent plusieurs techniques de modélisation graphiques tels que : les graphes orientés, les graphes bipartis et les bond graphs. Un digraphe est un graphe $G(S, A)$ où S est l'ensemble des sommets représentés par des entrées U, les mesures Y et les états X. Un digraphe est alors déterminé à partir d'une équation d'état. A est l'ensemble des arcs montrant l'influence mutuelle entre les variables. Sur un digraphe, les paramètres du système ne sont pas représentés.

Le graph biparti est un graph $G(S, A)$ constitué de deux sous-ensembles disjoints Z et C, où Z est l'ensemble des variables et C est l'ensemble des contraintes. A est l'ensemble des arcs défini tels que : un arc a_{ij} existe ssi la variable z_j est contenue dans la contrainte c_i.

Un bond graph est aussi un graphe $G(S, A)$. À la différence des graphes bipartis et des digraphes, Les nœuds du graphs S représentent les éléments physiques du système :

$$S = \{Se\} \cup \{Sf\} \cup \{C\} \cup \{I\} \cup \{R\} \cup \{TF\} \cup \{GY\} \cup \{\text{Jonction } 1\} \cup \{\text{Jonction } 0\}$$

A est l'ensemble des liens de puissance qui représente l'influence mutuelle entre les éléments du modèle bond graph.

2.2.3.1 Exemple

Afin d'illustrer la méthodologie bond graph, nous considérons un exemple pédagogique représenté par la Figure 2.4. Ce système représente un réservoir de section A alimenté par un débit d'eau $Q_e(t)$, et qui coule vers l'atmosphère à travers une vanne de coefficient de perte de charge R_v. La pression P_r au fond de réservoir et le débit de sortie Q_o sont mesurés respectivement par les capteurs P_{Rm} et Q_{om}.

Le modèle bond graph en causalité intégrale du système hydraulique est donné par la Figure 2.5. Le réservoir est représenté par l'élément bond graph $C : C_R$. La pompe est représentée par une source de flux $MSf : Q_e(t)$. La vanne est modélisée par un élément résistif R de coefficient de perte de charge

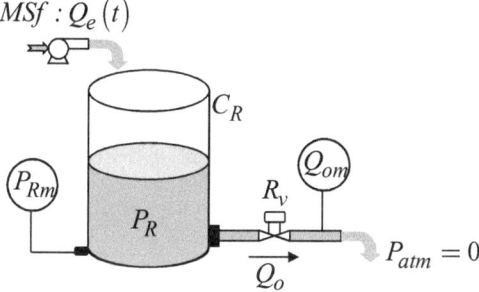

Figure 2.4 – Système hydraulique.

R_v. Pour des raisons de simplicité, on considère que la relation entre le flux et l'effort de l'élément $R : R_v$ est linéaire.

Les capteurs de pression et de débit de sortie sont représentés respectivement par un détecteur d'effort $De : P_{Rm}$ et un détecteur de flux $Df : Q_{om}$.

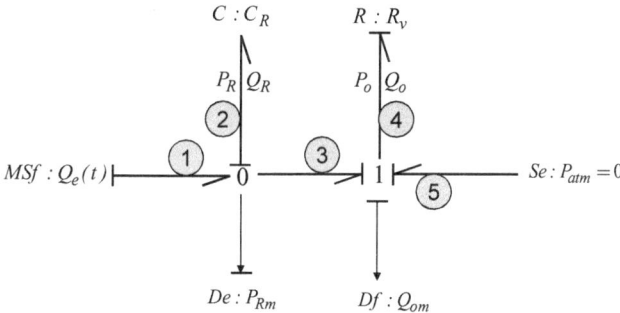

Figure 2.5 – Modèle bond graph du système hydraulique.

nous allons voir que l'équation d'état issue du modèle bond graph de la Figure 2.5 a la forme suivante :

$$\begin{cases} \dot{x} = Ax + Bu \\ y = Cx + Du \end{cases}$$

En bond graph, les variables d'état sont les variables d'énergie : le déplacement généralisé et l'impulsion. Dans ce cas d'étude, le volume d'eau dans le réservoir, V, représente la variable d'état :

$$x = [V]$$

Les entrées sont les sources d'effort et de flux :

$$u = [Q_e, P_{atm}]$$

Les mesures y sont les détecteurs d'effort et de flux :

$$y = [P_{Rm}, Q_{om}]$$

Donc, les équations d'état de ce système peuvent être générées à partir du modèle bond graph comme suit :

– Les équations constitutives des éléments $C : C_R$ et $R : R_v$ sont données par les équations suivantes :

$$\begin{cases} P_R = \frac{1}{C_R} \int Q_R dt \\ Q_0 = \frac{P_o}{R_v} \end{cases}$$

– À partir des jonctions du modèle, on peut écrire :

$$J_0 : f_2 = f_1 - f_3 \Rightarrow \dot{V} = Q_e(t) - f_3;$$
$$J_1 : e_4 = e_3 - e_5 = e_3, (e5 = 0)$$
$$\text{donc :} e_4 = P_R;$$
$$f_3 = \frac{e_4}{R_v} = \frac{e_3}{R_v} = \frac{P_R}{R_v} = \frac{1}{R_v}\frac{V}{C_v};$$

$$(2.1)$$

Sachant que $\dot{V} = Q_R$, il est aisé de déduire l'équation d'état à partir des équations ci-dessus :

$$\Rightarrow \dot{V} = Q_e(t) - \frac{1}{R_v}\frac{1}{C_v}V \qquad (2.2)$$

– Les mesures sont données comme suit :

$$P_{Rm} = \frac{1}{C_R}V$$
$$Q_{om} = \frac{1}{R_v C_R}V$$

Le bond graph est généré directement du système physique et non à partir des équations d'état comme un digraphe, ni à partir d'un ensemble des contraintes pour un graph biparti. Ses propriétés causales et structurelles sont très importantes pour la modélisation, l'analyse et le pilotage (commande et surveillance). Pour l'analyse en termes d'observabilité et de commandabilité, le lecteur pourra consulter [Sueur, 1989].

Notons que la théorie bond graph par ses aspects génériques permet la génération automatique des équations d'état, des relations de redondances analytiques (RRAs) et l'analyse de surveillabilité [Ould Bouamama, 2005].

L'équation 2.2 peut être obtenue automatiquement en utilisant le logiciel SYMBOLS 2000 comme le montre la Figure 2.6. Sur cette dèrnière, $K2$ est la capacitance $(K2 = I/CR)$, $Q2$ est la variable d'état (V), $SE5$ est nulle $(SE5 = p_{atm} = 0)$ et $R4$ est R_v.

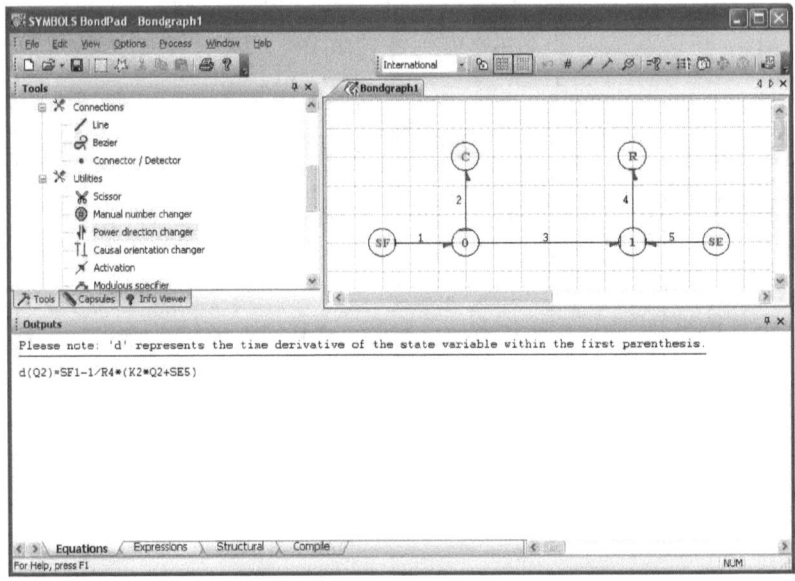

Figure 2.6 – Génération automatiques des équations d'état.

2.3 Modélisation des incertitudes paramétriques par le Bond graph

2.3.1 Transformation Linéaire Fractionnelle

La représentation LFT des systèmes dynamiques linéaires à temps invariant a été introduite par Redheffer en 1960 [Redheffer, 1960]. Ce formalisme est très utilisé pour la synthèse de commande robuste pour les systèmes multivariables et incertains. L'intérêt de ce formalisme est qu'il permet le découplage entre la partie nominale et la partie incertaine du modèle. La partie incertaine peut contenir les incertitudes paramétriques ou structurées, les dynamiques négligées. La structure d'un modèle en forme LFT est illustrée sur la Figure 2.7.

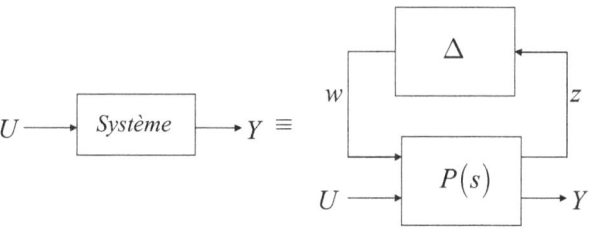

Figure 2.7 – La représentation LFT.

Le modèle analytique d'un système linéaire à temps invariant peut s'écrire sous la forme d'état suivante :

$$\begin{cases} \dot{x} = Ax + Bu \\ y = Cx + Du \end{cases}$$

avec $x \in R^n$ le vecteur d'état du système, $u \in R^m$ le vecteur regroupant les entrées de commande du système, $y \in R^p$ le vecteur regroupant les sorties mesurées du système. n, m et p sont des entiers positifs.

En considérant le système avec des incertitudes paramétriques, le modèle peut s'écrire sous la forme LFT suivante :

$$\begin{cases} \dot{x} = A_0x + B_1u + B_0w \\ z = C_1x + D_{11}w + D_{12}u \\ y = C_0x + D_{21}w + D_0u \end{cases}$$

avec $w \in R^l$ et $z \in R^l$ regroupent respectivement les entrées et les sorties auxiliaires. n, m, l et p sont des entiers positifs. Les matrices A_0, B_1, B_0, C_1, C_0, $D_{11}, D_{12}, D_{21}, D_0$ sont des matrices de dimensions appropriées.

En général, la matrice d'incertitude Δ est considérée bornée.

2.3.2 Bond graph-LFT

Le modèle bond graph peut être utilisé pour modéliser les incertitudes paramétriques en utilisant le principe de la transformation LFT. Cette représentation nommée BG-LFT est développée dans [Kam, 2005]. Le principe est basé sur le fait que chaque paramètre soit modélisé en bond graph par un seul élément, donc les incertitudes paramétriques peuvent être associées directement aux éléments bond graph.

2.3.3 Représentation graphique des incertitudes paramétriques

Une incertitude paramétrique de valeur δ_θ peut être introduite sous forme additive ou multiplicative selon les équations suivantes :

$$\begin{cases} \theta = \theta_n + \Delta_\theta; \\ \theta = \theta_n + \delta_\theta \theta_n; \end{cases}$$

où Δ_θ et $\delta_\theta = \frac{\Delta_\theta}{\theta_n}$ représentent respectivement la déviation absolue et relative par rapport à la valeur nominale du paramètre θ_n.

L'introduction des incertitudes paramétriques sur le modèle bond graph se fait sur les modèles propres et observables en remplaçant chaque élément incertain par un élément BG-LFT [Kam, 2001].

Définition Un modèle bond graph est propre si et seulement s'il ne contient aucun composant dynamique en causalité dérivée, lorsqu'il est en causalité intégrale préférentielle et réciproquement [Sueur, 1989].

Définition Un modèle bond graph est structurellement observable en état si et seulement si les conditions suivantes sont respectées :

1. Sur le modèle bond graph en causalité intégrale, il existe un chemin causal entre tous les éléments dynamiques I et C en causalité intégrale et un détecteur De ou Df;

2. Tous les éléments dynamiques I et C admettent une causalité dérivée sur le modèle bond graph en causalité dérivée préférentielle. Si des éléments dynamiques I ou C restent en causalité intégrale, la dualisation de détecteurs De et Df doit permettre de les mettre en causalité dérivée [Sueur, 1989].

La forme LFT d'un élément bond graph passif est représentée comme l'illustre la Figure 2.8.

Les sorties z et les entrées auxiliaires w sont représentées respectivement sur le modèle bond graph par des détecteurs virtuels (De^*, Df^*) et des sources de flux ou d'effort (MSf, MSe) selon la causalité des éléments passifs.

Comme développé dans la partie précédente, chaque élément bond graph, est décrit par son équation constitutive. La modélisation des éléments bond graph sous forme LFT consiste à décomposer la valeur du paramètre de l'élément en deux parties distinctes une valeur nominale $COMP_n \in \{R_n, C_n, I_n, TF_n, GY_n\}$ et une partie incertaine $COMP_n \in \{\delta_R R_n, \delta_C C_n, \delta_I I_n, \delta_{TF} TF_n, \delta_{GY} GY_n\}$.

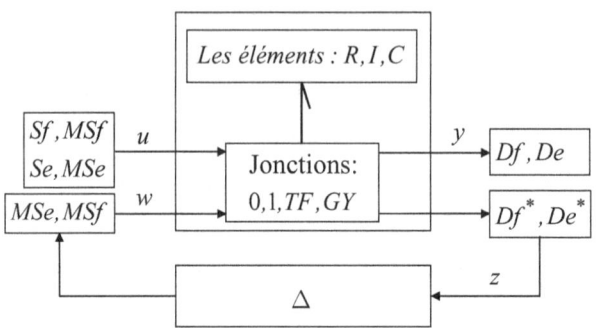

Figure 2.8 – La structure d'un modèle BG-LFT.

Pour plus de détails sur la modélisation des éléments bond graph incertains, nous invitons le lecteur à consulter les travaux de thèse de doctorat de [Djeziri, 2007] et [Kam, 2005]. Nous nous limiterons dans cette partie à montrer le principe de modélisation des éléments bond graph LFT en utilisant l'élément R sous la forme multiplicative.

L'obtention du modèle se fait en remplaçant les éléments BG par les éléments BG-LFT illustré dans la Figure 2.10.

En introduisant une incertitude de façon multiplicative sur l'élément R en causalité résistance on obtient :

$$e_R = R_n \left(1 + \delta_R\right) f_R = R_n f_R + \delta_R R_n f_R = e_{Rn} + \delta_R e_{Rn} = e_{Rn} + e_{Rin} \quad (2.3)$$

L'introduction d'une incertitude multiplicative sur l'élément R en causalité conductance donne :

$$f_R = \frac{1}{R_n} \left(1 + \delta_{1/R}\right) e_R = \frac{1}{R_n} e_R + \frac{1}{R_n} \delta_{1/R} e_R = f_{Rn} + \delta_{1/R} f_{Rn} = f_{Rn} + f_{Rin}. \quad (2.4)$$

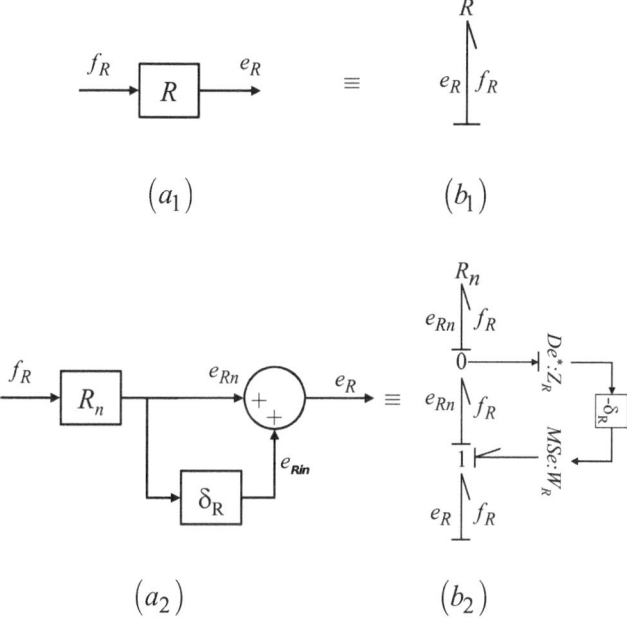

Figure 2.9 – L'élément R en BG-LFT en causalité résistance.

Où $\delta_{1/R} = -\frac{\Delta_R}{\Delta_R + R_n}$.

Les équations 2.3 et 2.4 peuvent être représentées par leurs équivalences en blocs diagrammes. À titre d'exemple, les blocs diagrammes de la résistance déterministe et incertaine en causalité résistance sont donnés par les Figures 2.9-(a_1) et (a_2) . Les modèles bond graph équivalents de ces blocs diagrammes sont représentés par les modèles des Figures 2.9-(b_1) et (b_2).

le détecteur fictif (virtuel) $De^* : Z_R$ est introduit pour fournir la valeur de l'effort $e_{Rn} = R_n f_R$ connue. Cette valeur permet alors d'introduire l'effort incertain $e_{Rin} = W_R = -\delta_R R_n f_R$ après sa modulation par l'incertitude relative δ_R. L'équation constitutive de la jonction 1 du modèle bond graph LFT (Figure

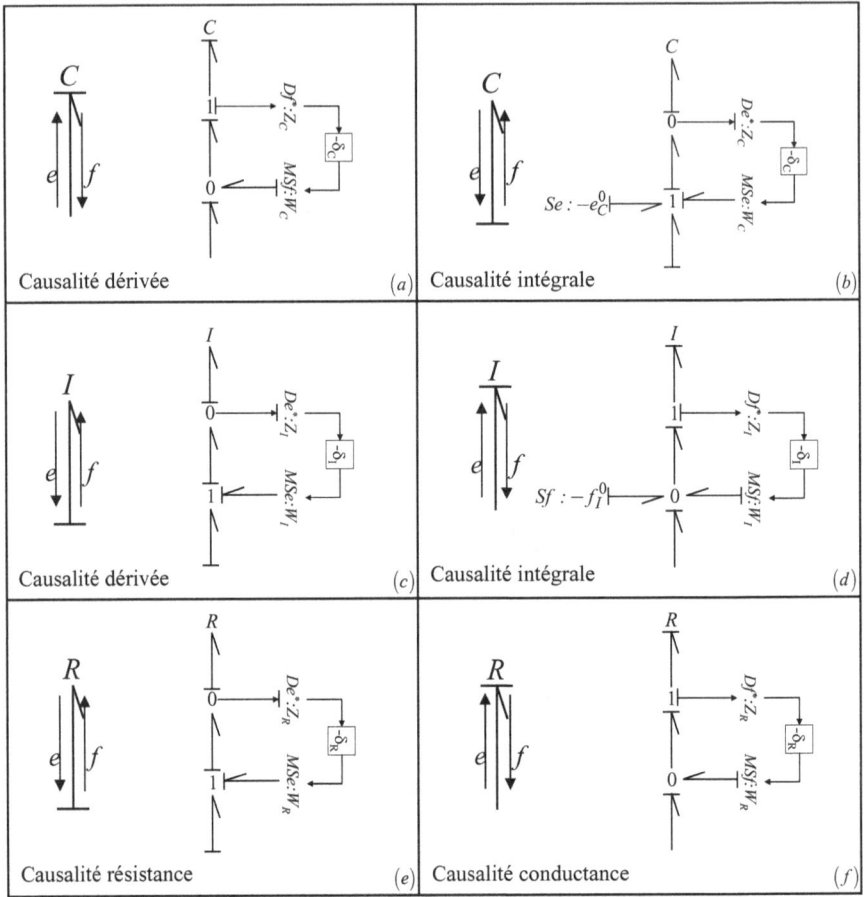

Figure 2.10 – Modèles BG-LFT des éléments passifs en présence des incertitudes multiplicatives.

2.9-(b_2)) est bien équivalente a l'équation 2.3 :

$$e_R = e_{Rn} - W_R = e_{Rn} - (-\delta_R e_{Rn}) = e_{Rn} + e_{Rin}$$

Pour montrer comment obtention un modèle BG-LFT à partir d'un modèle bond graph nominal, nous considérons l'exemple suivant :

2.3.3.1 Exemple

Reprenons le système hydraulique de la Figure 2.4. Si on considère que les paramètres de ce système (représenté par les deux éléments passifs R et C) sont incertains tels que : R_v a une valeur nominale R_{vn} et une incertitude δ_R et C_R a une valeur nominale C_{nv} et d'une incertitude multiplicative δ_C, alors le modèle BG-LFT incertain de la Figure 2.11-(b) est obtenu. À partir de ce modèle, les équations mathématiques suivantes sont générées :

– De la jonction 0 qui relie les liens de puissance (1), (2) et (3), l'équation de conservation d'énergie suivante peut être obtenue :

$$f_2 =: f_1 - f_3 \tag{2.5}$$

où f_1, f_2 et f_3 sont respectivement les flux des liens de puissance (1),(2) et (3).

– De la jonction 1 reliant les liens (3), (4) et (5), l'équation suivante peut être générée :

$$e_4 =: e_5 + e_3 =: e_3 \tag{2.6}$$

e_3, e_4 et e_5 sont respectivement les efforts des liens de puissance (3),(4) et (5).

– Les équations caractéristiques des éléments bond graphs peuvent être déduites :

$$\begin{cases} f_4 = \frac{1}{R_n} e_4 - W_{1/R} \\ e_2 = \frac{1}{C_{Rn}} \int f_2 - W_C \end{cases}$$

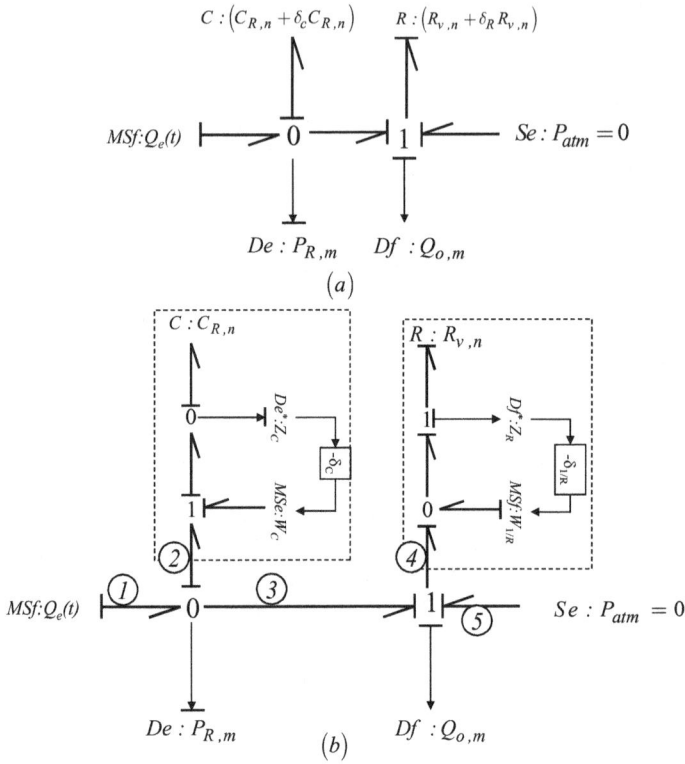

Figure 2.11 – (a) Modèle bond graph, (b) Modèle BG-LFT.

– Les équations suivantes peuvent être générées :

$$\begin{cases} \dot{V} = \frac{-1}{R_{vn}C_{Rn}}V + Q_e(t) + \frac{1}{R_{vn}}W_C - W_{1/R} \\ W_C = -\delta_C Z_C \\ W_R = -\delta_{1/R} Z_R \\ Z_C = \frac{1}{C_{Rn}}V \\ Z_R = \frac{1}{R_{vn}C_{Rn}}V - \frac{1}{R_{vn}}W_C \\ P_{Rm} = \frac{1}{C_{Rn}}V - W_C \\ Q_{om} = \frac{1}{C_{Rn}R_{vn}}V - \frac{1}{C_{Rn}R_{vn}}W_C - W_{1/R} \end{cases}$$

donc

$$A_0 = \frac{-1}{R_{vn}C_{Rn}}, B_0 = 1, C_0 = \begin{bmatrix} \frac{1}{C_{Rn}} \\ \frac{1}{C_{Rn}R_{vn}} \end{bmatrix};$$

$$C_1 = \begin{bmatrix} \frac{1}{C_{Rn}} \\ \frac{1}{R_{vn}C_{Rn}} \end{bmatrix}, D_{11} = \begin{bmatrix} 0 & 0 \\ 0 & -\frac{1}{R_{vn}} \end{bmatrix}, D_{12} = 0;$$

$$\Delta = \begin{bmatrix} \delta_C & 0 \\ 0 & \delta_{1/R} \end{bmatrix}, D_0 = 0, D_{21} = \begin{bmatrix} -1 & 0 \\ -\frac{1}{C_{Rn}R_{vn}} & -1 \end{bmatrix}$$

Le travail développé dans [Kam, 2005] ne traite pas le cas des incertitudes de mesures. Dans la partie suivante nous allons proposer une méthode de représentation des incertitudes de mesures sur le modèle bond graph.

2.4 Modélisation des incertitudes de mesures par Bond graph

Cette section concerne l'une des contributions de ce travail, qui consiste à représenter les incertitudes de mesure par un modèle bond graph. Cette partie est un complément de la modélisation des incertitudes paramétriques par les bond graphs développé dans [Kam, 2005, Djeziri, 2007]. L'objectif de la modélisation des incertitudes de mesure par le bond graph est d'utiliser ensuite les propriétés de cet outil non seulement pour la génération des seuils, mais aussi pour l'estimation de défauts (chapitre 4).

Dans les processus et les systèmes réels, l'information donnée par les capteurs est souvent bruitée ou obtenue avec une certaine précision. La prise en compte des incertitudes de mesures s'avère indispensable en diagnostic afin d'éviter les différents problèmes liés aux fausses alarmes et ou non-détections.

2.4.1 Hypothèse de modélisation

La vraie valeur d'un mesurande est la valeur d'une quantité physique. Cette valeur ne peut pas être obtenue en pratique, car les instruments de mesure sont toujours imparfaits. Donc, les mesures données par un capteur sont toujours incertaines. En général, la mesure Y_m d'une grandeur physique Y_r est donnés par l'équation suivante :

$$Y_m = Y_r + \varepsilon_Y. \tag{2.7}$$

ε_Y est l'erreur de mesure.

Hypothèse : dans ces travaux on s'intéresse aux cas des bruits bornées en amplitude et indépendants.

une approche possible pour tenir compte de l'erreur de mesure consiste à considérer deux types d'erreurs (équation 2.8) : une erreur constante appelée systématique (b) et une erreur aléatoire ζ_Y.

$$\varepsilon_Y = b + \zeta_Y. \tag{2.8}$$

Ils existent des méthodes pour évaluer l'erreur systématique afin de corriger la mesure, mais la composante aléatoire reste toujours présente (équation 2.9).

$$Y_m = Y_r + \zeta_Y. \tag{2.9}$$

2.4.2 Représentation bond graph de l'erreur de mesure

Dans l'approche bond graph, les erreurs de mesures sont représentées dans une équation d'état en introduisant un vecteur sur les équations de mesure. Sur un modèle bond graph en causalité intégrale préférentielle, les détecteurs sont modélisés par deux éléments graphiques De et Df, qui représentent respectivement les détecteurs d'effort et de flux. Les détecteurs De et Df sont connectés respectivement à une jonction 0 et 1(Figure 2.12-(a) et (b)).

Le signal fourni par les détecteurs peut être exprimé de la façon suivante :

$$\begin{aligned} Df : f = f_n + \zeta_f \\ De : e = e_n + \zeta_e \end{aligned} \tag{2.10}$$

où e et f sont les signaux donnés respectivement par les détecteurs Df et De. e_n et f_n sont les quantités nominales physiques mesurées par De et Df. ζ_e et ζ_f sont les erreurs de mesures sur les signaux observés. Les équations

(2.10) peuvent être représentées par un modèle bond graph comme développé ci-dessous.

Sur la Figure 2.12 sont présentés les modèles bond graph d'un système quelconque avec ses mesures nominales (Figure 2.12- a et b) et en présence d'incertitudes de mesures (Figure 2.12-c et d).

Le modèle bond graph en présence des incertitudes de mesures peut être obtenu en introduisant des sources virtuelles de flux ou d'effort représentant les incertitudes de mesure sur le modèle bond graph comme le montre la Figure 2.12-(c) et (d). Sur cette dernière, S_1, S_2, et S_3 représentent des sous-systèmes connectés à la jonction observée. Le détecteur De (Df) fournit un signal d'effort (de flux) affecté par une erreur de mesure ζ_e (ζ_f).

À partir de la Figure 2.12-(c), les équations suivantes peuvent être déduites :

Sur la jonction "0" où est connecté le capteur avec une mesure incertaine $De : e$, l'effort est imposé (selon la causalité fixée) par le lien 4 :

$$\begin{cases} e_5 = e_4 \\ e_6 = e_4 \\ e \ = e_4 \end{cases} \tag{2.11}$$

e_4 est imposé par la jonction "1". En tenant compte du signe de $MSe : -\zeta_e$ et le sens des flèches, nous obtenons :

$$e_4 = e_n + \zeta_e. \tag{2.12}$$

Donc on peut déduire :

$$De : e = e_n + \zeta_e. \tag{2.13}$$

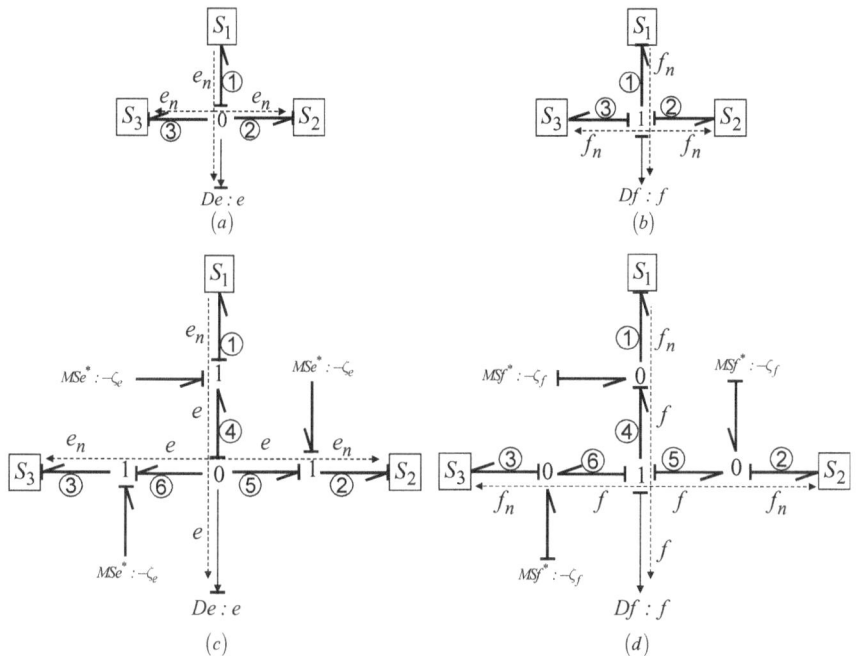

Figure 2.12 – Modèle bond graph nominal (a,b) et en présence des erreurs de mesures (C,d).

Sur cette figure, les efforts e_2 et e_3 imposés sur S_2 et S_3 ne sont pas affectés par l'erreur de mesure. En effet, en utilisant les contraintes des jonctions "1" correspondantes, nous obtenons :

$$\begin{cases} e_3 = e_5 - \zeta_e = e_4 - \zeta_e = e_n. \\ e_2 = e_6 - \zeta_e = e_4 - \zeta_e = e_n. \end{cases}$$

De la même façon, les équations suivantes peuvent être générées à partir de la Figure 2.12-(d) :

$$\begin{cases} f_5 = f_4 \\ f_6 = f_4 \\ f = f_4 \end{cases} \tag{2.14}$$

$$f_4 = f_n + \zeta_f. \tag{2.15}$$

$$Df : f = f_n + \zeta_f. \tag{2.16}$$

Les sous-systèmes S_1, S_2 et S_3 ne sont pas affectés par l'erreur de mesure et donc l'effort ou le flux imposé sur ces sous-systèmes est égale à l'effort ou le flux nominal.

2.4.3 Exemple

Reprenons le système hydraulique de la Figure 2.4. Ce système contient deux capteurs : un détecteur d'effort De qui mesure la pression au niveau du réservoir C, et un capteur de flux Df qui mesure le débit traversant la résistance hydraulique R.

Ce système a la représentation d'état nominale suivante :

$$\begin{cases} \dot{V} = -\frac{1}{R_v}\frac{1}{C_R}V + Q_e(t) \\ P_{Rm} = \frac{1}{C_R}V \\ Q_{om} = \frac{1}{R_v C_R}V \end{cases}$$

Les erreurs de mesures sur les capteurs peuvent être représentées sur le modèle graphique comme illustré sur la Figure 2.13.

Les équations d'état qui peuvent être générées à partir de ce modèle bond

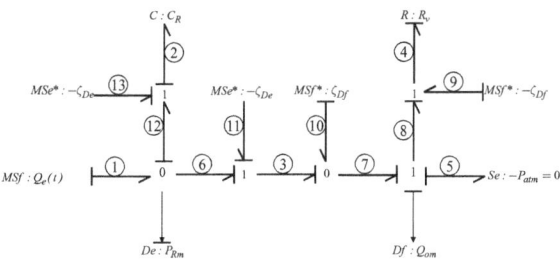

Figure 2.13 – Modèle bond graph du système hydraulique en présence des incertitudes de mesures.

graph en présence des incertitudes de mesures sont données par l'équation 2.17 :

$$
\begin{cases}
\dot{V} = -\frac{1}{R_v}\frac{1}{C_R}V + Q_e(t) \\
P_{Rm} = \frac{1}{C_R}V + \zeta_{De}. \\
Q_{om} = \frac{1}{R_v C_R}V + \zeta_{Df}.
\end{cases}
\tag{2.17}
$$

Ces équations sont générées en utilisant les équations des jonctions et les équations constitutives des éléments passifs :

$$
f_1 - f_{12} - f_6 = 0;
$$
$$
f_{12} = f_1 - f_6 \Rightarrow f_{12} = Q_e(t) - f_3;
$$
$$
f_3 = f_7 + f_{10} = f_7 - \zeta_{Df};
$$
$$
f_7 = f_8 = f_4 + \zeta_{Df} = \frac{1}{R_v}(e_{12} - \zeta_{De}) + \zeta_{Df};
$$

65

Donc

$$f_{12} = Q_e(t) - \frac{1}{R_v}\left(\frac{1}{C_R}V + \zeta_{De} - \zeta_{De}\right);$$

$$f_{12} = Q_e(t) - \frac{1}{R_v}\frac{1}{C_R}V;$$

$$\dot{V} = Q_e(t) - \frac{1}{R_v}\frac{1}{C_R}V;$$

Les équations des mesures sont ainsi données comme suit :

$$\begin{cases} P_{Rm} = e_{12} = \frac{1}{C_R}V + \zeta_{De}. \\ Q_{om} = f_8 = \frac{1}{R_v C_R}V + \zeta_{Df}. \end{cases} \tag{2.18}$$

2.5 Conclusion

Dans ce chapitre, nous avons présenté les techniques de représentation des incertitudes d'entrées, des mesures et des paramètres sur un modèle bond graph d'une façon systématique. Cette représentation sera utilisée dans les chapitres suivants pour le diagnostic robuste, à savoir la détection robuste de défauts dans le chapitre 3 et l'estimation de défauts dans le chapitre 4.

Chapitre 3

Détection et isolation robuste de défaut

3.1 Introduction

Plusieurs travaux ont été développés ces dernières années pour la détection et l'isolation des défauts à base de modèle bond graph. Citons à titre d'exemple les travaux de B. Ould Bouamama [Ould Bouamama, 2006], [Ould Bouamama, 2005], [Ould Bouamama, 2000] et [Busson, 2002] sur le diagnostic des systèmes de génie des procédés, les travaux de [El-Osta, 2005] et [Alaoui, 2004] sur les systèmes thermofluides en utilisant les bond graphs couplés et les travaux de [Djeziri, 2007] pour le diagnostic des systèmes à paramètres incertains en ayant recours à la modélisation bond graph-LFT développée par [Kam, 2001]. Dans le présent travail, nous présenterons une méthode de diagnostic robuste aux incertitudes de mesures basée sur l'approche bond graph. Ce chapitre est une extension des travaux de thèse de [Djeziri, 2007] qui concerne la génération des seuils robustes aux incertitudes de mesures.

3.2 Diagnostic à base de modèle Bond graph

3.2.1 Analyse structurelle par le Bond graph

L'analyse structurelle est un outil puissant permettant l'étude de plusieurs propriétés d'un système dynamique. En effet, cette étude peut s'effectuer directement sur le modèle graphique moyennant les propriétés structurelles et causales de l'outil utilisé (graphe biparti, bond graph). L'analyse structurelle permet de manière efficace même pour les très grands systèmes de déterminer certaines propriétés structurelles du système telles que l'observabilité, la commandabilité et la surveillabilité. Ces propriétés sont nécessaires pour la génération des RRAs.

3.2.1.1 Structure d'un modèle Bond graph

Le modèle bond graph d'un système dynamique est constitué d'un ensemble d'éléments passifs et actifs et d'un ensemble de jonction, interconnectés par des liens de puissance. L'étude des propriétés structurelles d'un modèle bond graph repose essentiellement sur l'étude des chemins causaux reliant les entrées, les éléments dynamiques et les sorties du système. La structure d'un modèle bond graph peut être représenté comme illustré sur la Figure 3.1.

Cette structure peut donner la représentation analytique vectorielle suivante :

$$\begin{bmatrix} \dot{x}_{\text{int}} \\ Z_D \\ D_{in} \\ y \end{bmatrix} = \begin{bmatrix} J_{1,1} & J_{1,2} & J_{1,3} & J_{1,4} \\ J_{2,1} & J_{2,2} & J_{2,3} & J_{2,4} \\ J_{3,1} & J_{3,2} & J_{3,3} & J_{3,4} \\ J_{4,1} & J_{4,2} & J_{4,3} & J_{4,4} \end{bmatrix} \begin{bmatrix} Z_{\text{int}} \\ \dot{x}_D \\ D_{out} \\ u \end{bmatrix}$$

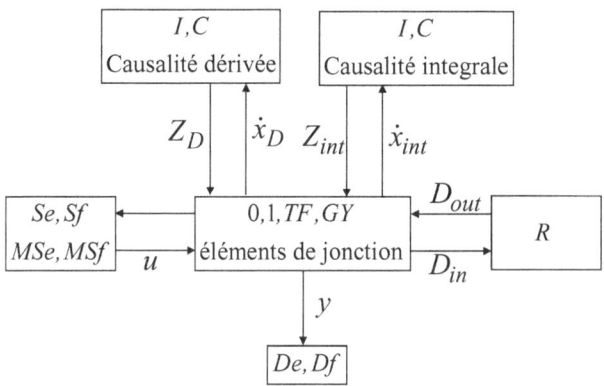

Figure 3.1 – La structure d'un modèle bond graph

$\dot{x}_D$ et $\dot{x}_{int}$ sont les entrées des éléments I et C en causalité dérivée et intégrale. Z_D et Z_{int} sont les sorties des éléments I et C en causalité dérivée et intégrale. D_{out} et D_{in} sont respectivement la sortie et l'entrée de l'élément R. u et y sont respectivement l'entrée et la sortie du système.

L'élément $J_{i,j}$ est l'un des coefficients de l'ensemble $\{0, -1, +1, m, r, \frac{1}{m}$ et $\frac{1}{r}\}$, où m et r sont respectivement les modules des éléments TF et GY.

3.2.1.2 Surveillabilité structurelle

Selon [Djeziri, 2007], un sous-système est sous-déterminé si lors de la dualisation des détecteurs sur un modèle bond graph destiné à la surveillance (mis en causalité dérivée), les éléments dynamiques ne peuvent pas être mis en causalité dérivée. Par conséquent, les modèles bond graph qui ne peuvent pas être mis en causalité dérivée (même avec la dualisation des détecteurs) ne sont pas surveillables. Ceci peut être due à une faible instrumentation. On peut alors soit rajouter des capteurs ou mettre le bond graph en causalité intégrale, ce qui introduit toutefois le problème de la connaissance des conditions initiales.

La présence des conditions initiales dans le calcul peut aussi être éliminée par des dérivations successives, étant donné que la dérivation d'une RRA est une RRA.

La présence des dérivées d'ordres supérieurs n'est pas recommandée pour la détection de défauts à cause de l'existence des erreurs de mesures sur les signaux fournis par les capteurs. Cela amplifie les erreurs de mesures ce qui cache les défauts.

3.2.2 Génération des relations de redondances analytiques

Avant de présenter l'algorithme de génération des relations de redondances analytiques (RRAs) par l'outil bond graph, nous présenterons par souci de clarté une autre méthode de génération des RRAs par l'approche du graphe biparti qui est une approche graphique de même principe que l'approche bond graph.

3.2.2.1 Génération des RRAs par graphe biparti

Généralités La génération des RRAs par le graphe biparti repose essentiellement sur l'élimination des variables inconnues en se basant sur la notion de couplage. En effet, un graphe biparti G(Z,C,A) est un graphe composé de deux ensembles de sommets bien séparés : Z et C. L'ensemble C représente les contraintes physiques du système, tandis que l'ensemble Z représente l'ensemble des variables inconnues, des mesures, des entrées du système [Blanke, 2006]. Les arcs du graphe A relient les deux ensembles tels que :

– Il existe un lien $a_i \in A$ entre deux sommets $c_i \in C$ et $z_j \in Z$ si et seulement si la variable z_j apparait dans la contrainte c_i.

L'ensemble des variables Z contient deux sous-ensembles K et X :

$$Z = K \cup X \tag{3.1}$$

où K représente toutes les variables connues du système (les mesures Y et les entrées connues U). X représente l'ensemble des variables inconnues. Les contraintes C sont des relations algébriques ou différentielles qui relient les variables. La structure d'un graphe biparti est illustrée sur la Figure 3.2.

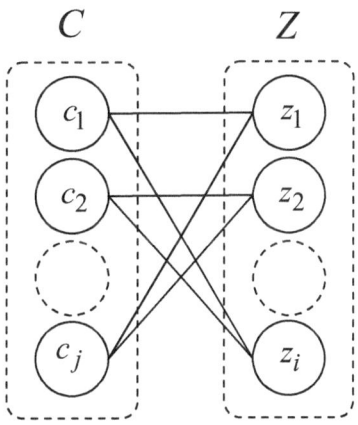

Figure 3.2 – La structure d'un graphe biparti

La génération des RRAs est basée sur la décomposition du système en trois sous-systèmes : sur-déterminé, juste-déterminé et sous-déterminé. Le sous-système sous-déterminé S^- représente une partie du système qui contient plus de variables inconnues que de contraintes $(card(X) > card(C))$. Dans ce cas, quelques variables inconnues ne peuvent pas être éliminées et donc ce sous-système n'est ni observable ni surveillable [Cocquempot, 2004]. Le sous-système juste-déterminé (S^0) est un sous-système qui contient autant de variables inconnues que de contraintes $(card(X) = card(C))$ ce qui permet l'élimination de toutes les variables inconnues de façon unique. Ce sous-système est observable mais n'est pas surveillable (pas de redondance).

Le sous-système surdéterminé (S^+) est un sous-système qui contient plus de contraintes que de variables inconnues $(card(X) < card(C))$. Donc, toutes les variables inconnues peuvent être éliminées de plusieurs façons. Ceci permet la génération des RRAs. Ce sous-système est observable et surveillable. L'élimination systématique des variables inconnues repose sur l'utilisation de la notion de couplage entre les variables et les contraintes. Cette notion représente une causalité qui permet de calculer les variables inconnues en utilisant les variables connues (variables de mesure et de contrôle).

Les variables qui ne peuvent pas être couplées ne sont pas éliminées. Par contre, les variables couplées de plusieurs façons peuvent être calculées différemment et par conséquent la comparaison entre ces différentes valeurs de la même variable donne une RRA.

Le couplage peut également être effectué sur la matrice d'incidence obtenue à partir du graphe biparti (Figure 3.3). Les relations entre les variables et les contraintes sont binaires $(0, 1)$. Après avoir effectué un couplage complet sur les variables inconnues, les contraintes non-couplées sont des RRAs. Ainsi, l'obtention des sous-systèmes S^+, S^o et S^- s'effectue en faisant recours à la décomposition de Dulmage-Mendelsohn [Dulmage, 1958] (Figure 3.3).

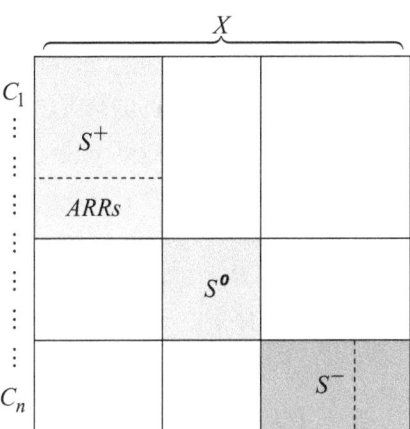

Figure 3.3 – Décomposition Dulmage-Mendelsohn sur la matrice d'incidence

Afin d'illustrer l'intérêt des bond graphs pour l'analyse structurelle et la génération des RRAs, considérons l'exemple pédagogique de chapitre 2 représentant un système hydraulique illustré par la Figure 2.4.

En utilisant les lois de la modélisation physique, les contraintes suivantes peuvent être posées (TABLE 3.1).

Composant	Contrainte
Réservoir	$c_1 : C_R \dot{P}_R(t) - Q_e(t) + Q_o(t) = 0$
Vanne	$c_2 : P_R - R_v Q_o(t) = 0$
Capteur de pression	$c_3 : P_{Rm}(t) - P_R(t) = 0$
Capteur de débit	$c_4 : Q_{om}(t) - Q_o(t) = 0$

TABLE 3.1 – Ensemble des contraintes du système hydraulique.

$Q_e(t)$ est le débit d'entrée fourni par la pompe, $Q_o(t)$ est le débit de sortie, $P_R(t)$ représente la pression au fond du réservoir, R_v est le coefficient de perte de charge de la vanne et C_R est le coefficient hydraulique ($C_R = \frac{A}{\rho g}$) où A, ρ et g sont respectivement la section du réservoir, la masse volumique et la pesanteur.

La structure de ce système hydraulique peut être représentée par un graphe biparti ou par une matrice d'incidence où les colonnes représentent les variables Z et les lignes représentent les contraintes C (Figure 3.4). Les ensembles Z et C sont donnés comme suit :

$$Z = X \cup K;$$
$$X = \{P_R(t), Q_o(t)\};$$
$$K = \{Q_e(t), Q_{om}(t), P_{Rm}(t)\}$$
$$C = \{c_1, c_2, c_3, c_4\}.$$

		$P_R(t)$	$Q_o(t)$	$Q_e(t)$	$P_{Rm}(t)$	$Q_{om}(t)$
		\multicolumn{2}{X}		\multicolumn{3}{K}		
RRAs	c_1	1	1	1		
	c_2	1	1			
	c_3	①			1	
	c_4		①			1

Figure 3.4 – La matrice d'incidence.

Le couplage entre les variables et les contraintes peut s'effectuer directement sur la matrice d'incidence comme montré sur la Figure 3.4.

La matrice d'incidence de la Figure 3.4 indique un couplage complet par rapport aux variables inconnues ($P_R(t)$ et $Q_o(t)$) mais incomplet par rapport aux contraintes (les contraintes non couplées c_1 et c_2 constituent alors des RRAs). Le graphe biparti et le graphe orienté associés au couplage choisi (Figure 3.5-(a) et (b)) montre l'ordre de calcul des variables inconnues.

74

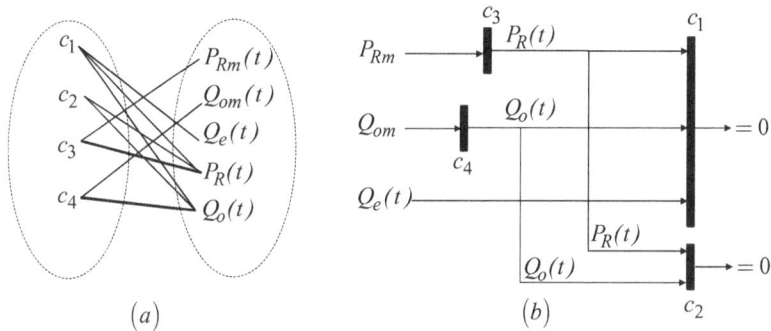

(a) (b)

Figure 3.5 – (a) Graphe biparti. (b) Graphe orienté.

Donc, l'approche de génération des relations de redondances analytiques par le graphe biparti est basée essentiellement sur l'obtention des contraintes (qui n'est pas toujours triviale) qui relient les variables. Ces relations sont faciles à obtenir pour les systèmes simples et mono-énergétiques. Par contre, pour les systèmes complexes, l'obtention de toutes les contraintes devient délicat d'où l'intérêt d'utiliser l'outil bond graph qui structure cette démarche.

3.2.2.2 Génération des RRAs par bond graph

La génération des RRAs par bond graph est basée sur l'utilisation de ses propriétés causales et structurelles. Le but derrière l'utilisation de la représentation bond graph est d'utiliser un seul outil pour la modélisation, la génération des RRAs, l'analyse de surveillabilité et le placement de capteurs. Ainsi, à la différence du graphe biparti, la construction d'un modèle bond graph ne nécessite pas l'écriture des lois physiques.

L'élimination des variables inconnues est systématique sur un modèle bond graph grâce à ses propriétés causales par un parcours des chemins causaux. Les

RRAs sont obtenues directement des équations des jonctions observées. L'ensemble des variables inconnues X et des contraintes C est déduit à partir de la structure du modèle bond graph [Ould Bouamama, 2005].

Les variables

L'ensemble des variables Z, composé de variable connues K et inconnues X, peut être obtenu à partir des éléments bond graph. Les variables connues du système K sont données par l'ensemble des détecteurs De, Df et les sources d'effort et de flux (Se, Sf, Mse, Msf) :

$$K = \{Se, MSe, Sf, MSf, De, Df\}.$$

L'ensemble des variables inconnues X est l'ensemble des variables de puissance associées à tout les liens de puissance connectés aux éléments passifs. Cet ensemble est donné comme suit :

$$X = \{f_1, e_1\} \cup \{f_2, e_2\} \cup, ..., \{f_n, e_n\}$$

où f_n, e_n représentent respectivement le flux et l'effort du lien n .

Les contraintes

Les contraintes peuvent être classifiées en quatre catégories : les contraintes structurelles ϕ_J, de comportement ϕ_B, de contrôle ϕ_U, et de mesure ϕ_Y.

1. *Les contraintes structurelles ϕ_J* sont les contraintes obtenues à partir des jonctions 0 et 1. Elles représentent respectivement les équations de conservation de puissance. Ces équations se traduisent par celle des ef-

forts $\sum e_i = 0$, des flux $\sum f_i = 0$, de l'élément transformateur TF, et de l'élément gyrateur GY.

2. *Les contraintes de comportement* ϕ_B représentent les équations caractéristiques des éléments passifs R, I et C qui sont respectivement $\Phi_R(e, f) = 0, \Phi_I(\int e, f) = 0$ et $\Phi_C(e, \int f) = 0$.

3. *Les contraintes de commande* ϕ_U représentent l'ensemble des lois de commande. Ces derniers relient les mesures Y_m et les signaux de commandes U agissant sur les actionneurs représentés par des sources de flux ou d'effort modulées (MSf, MSe).

$$\Phi(U, Y_d, Y_m) = 0$$

Y_d est la consigne.

4. *Les contraintes de mesures* ϕ_Y relient une grandeur physique Y à sa mesure Y_m.

$$\phi_Y(Y, Y_m) = 0$$

Le couplage sur un modèle Bond Graph

La notion de couplage sur le bond graph est utilisée pour la génération des RRAs. Cette notion (appelée causalité) est représentée sur le modèle graphique par le trait causal. Cependant, la causalité est appliquée de telle façon que les équations caractéristiques des éléments dynamiques I et C soient en fonction de la dérivée de la variable inconnue et que la causalité des détecteurs soit inversée. La causalité dérivée préférentielle sur les éléments dynamiques est appliquée pour éviter les conditions initiales. La causalité des détecteurs est inversée (capteus dualisé) puisque l'information fourni par le capteur est le point de départ de l'élimination de la variable inconnue. L'apparition d'un conflit de causalité sur le modèle bond graph est liée aux conditions de surveillabilité.

Définition Une jonction observée est une jonction connectée à un détecteur dualisé.

Détecteur dualisé

Un capteur (détecteur) dans un modèle bond graph en causalité intégrale destiné à la simulation permet d'indiquer la valeur numérique de la variable mesurée : il transforme la variable de puissance en un signal. Dans une procédure d'élimination (ou de calculabilité) d'une variable inconnue, les capteurs sont dualisés et deviennent des sources d'information notées SS (Source de Signal). Cette observation est le point initial de la procédure d'élimination de la variable inconnue. Les conditions initiales dans les processus industriels ne sont pas connues en général, c'est pourquoi le modèle bond graph utilisé pour le diagnostic est mis en causalité dérivée.

Puisque la génération des RRAs se fait directement sur le modèle bond graph en causalité dérivée, un détecteur d'effort (ou de flux) dont la causalité est inversée (dualisée) est considéré comme une source de signal ($SSe = \tilde{D}e$) ou ($SSf = \tilde{D}f$) modulée par la valeur mesurée, comme illustré sur la Figure 3.6. La dualisation d'un détecteur lui donne beaucoup d'importance sur le modèle bond graph en causalité dérivée, car il devient une source d'information qui impose sa valeur à la jonction, il n'est donc plus facultatif sur un modèle bond graph et son retrait va engendrer un conflit de causalité. Cette valeur du détecteur est imposée à l'équation de jonction "1" ou "0". L'équation de conservation d'énergie modélisée par les jonctions "0" ou "1" représente une RRA candidate.

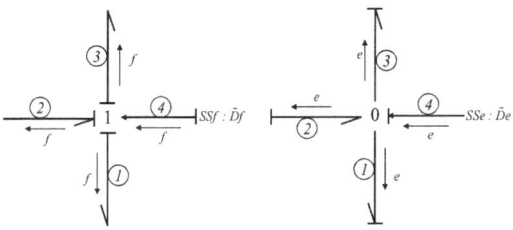

Figure 3.6 – Détecteurs dualisés.

L'algorithme de génération des RRAs

L'algorithme de génération des RRAs à partir du modèle BG est sommairement réalisé selon les étapes suivantes :

1. Vérification de l'état du couplage sur le modèle bond graph déterministe en causalité dérivée préférentielle ; si le système est sur-déterminé mettre le modèle bond graph en causalité dérivée en inversant les causalités des capteurs qui deviennent des sources de signal (SS).

2. Identifier les jonctions de structure "0" et "1" contenant au moins un détecteur.

3. Ecrire les équations structurelles des jonctions observées qui seront alors les RRAs candidates :

$$\sum b_i f_i + \sum S f_i = 0; \quad \text{pour une jonction 0.}$$
$$\sum b_i e_i + \sum S e_i = 0; \quad \text{pour une jonction 1.}$$

$b = \pm 1$ suivant que la demi-flèche entre ou sort de la jonction. Les variables inconnues, effort (e) et flux (f) sont alors éliminées par un parcours de chemin causal de la variable connue ($SSf : f_m$ et $SSe : e_m$) vers l'inconnue. La RRA issue de la jonction "0" aura comme unité celle du flux et celle issue de la jonction "1" l'effort. Chacune des RRAs sera sensible aux fautes pouvant affecter le composant parcouru par le chemin causal pour l'élimination des variables inconnues.

4. Une jonction peut être connectée à plusieurs détecteurs. Toutefois, un seul détecteur peut être dualisé sans violer la règle de causalité de la jonction. Ainsi les autres détecteurs ne peuvent pas être dualisés ; dans ce cas, ces capteurs introduisent des redondances matérielles. Ces relations sont générées de la façon suivante :

Soit m le nombre de capteurs d'effort connectés à une jonction 0. Le nombre des RRAs qui peuvent être générées est $m - 1$ telles que :

$$
\begin{cases}
RRA_1 : SSe_1 - De_2 = 0 \\
\vdots \quad \vdots \quad \vdots \\
RRA_m : SSe_1 - De_m = 0
\end{cases}
$$

où SSe est le détecteur dualisé et De_i sont les détecteurs non-dualisés ($i = 2, 3, \cdots, m$).

Exemple

Considérons le modèle bond graph du système hydraulique (Figure 2.4) en causalité dérivée représenté dans la Figure 3.7.

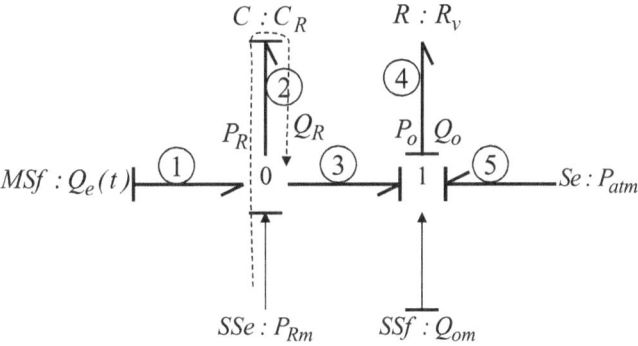

Figure 3.7 – Modèle bond graph d'un système hydraulique en et dérivée.

L'ensemble des variables Z associé à ce modèle est donné comme suit :

$$Z = X \cup K;$$
$$X = \{P_R, Q_R\} \cup \{P_o, Q_o\};$$
$$K = \{Q_e(t)\} \cup \{De : P_{Rm}, Df : Q_{om}\};$$

Q_R est le débit stocké dans le réservoir et P_R est la différence de pression agissant sur la vanne.

Les contraintes sont :

$$C = \{c_{J_0}, c_{J_1}\} \cup \{c_{R_v}, c_{C_R}\} \cup \{c_{SSe}, c_{SSf}\};$$

avec :

$$c_{J_0} : f_1 - f_2 - f_3 = 0;$$
$$c_{J_1} : e_3 - e_4 - e_5 = 0,;$$
$$c_{R_v} : e_4 = R_v f_4;$$
$$c_{C_R} : f_2 = C_R \frac{de_2}{dt};$$
$$c_{SSe} : e_2 = P_{Rm};$$
$$c_{SSf} : f_4 = Q_{om};$$

Les RRAs candidates issues de ce modèle bond graph (Figure 3.7) sont :

$$C_{J_0} : f_1 - f_2 - f_3 = 0;$$
$$C_{J_1} : e_3 - e_4 = 0;$$

Pour la jonction "0", les variables f_1, f_2 et f_3 sont inconnues. Elles seront éliminées sur le graphe par un parcours du chemin causal de la variable inconnue à une variable connue (capteur ou source d'effort ou de flux) comme suit :

$$\begin{cases} MSf : Q_e(t) \to f_1; \\ SSe : P_{Rm} \to e_2 \to c_{C_R} \to f_2; \\ SSf : Q_{om} \to f_3. \end{cases}$$

c_{C_R} est l'équation caractéristique de l'élément $C : C_R$:

$$c_{C_R} : f_2 = C_R \frac{de_2}{dt}.$$

On génère alors la première RRA en remplaçant dans l'équation de jonction les variables inconnues par leurs expressions :

$$RRA_1 : Q_e(t) - C_R \dot{P}_{Rm} - Q_{om} = 0;$$

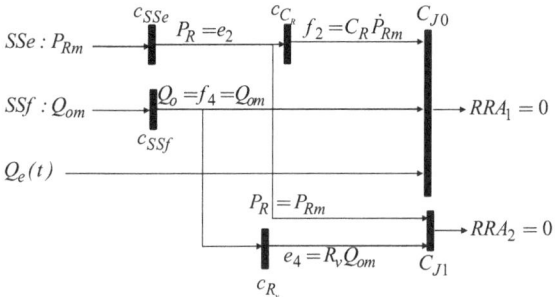

Figure 3.8 – Graphe orienté correspondant aux RRAs.

Toutes les variables inconnues sont éliminées systématiquement comme le montre le graphe orienté illustré sur la Figure 3.8.

La relation RRA_2 est donnée par l'expression suivante :

$$RRA_2 : P_{Rm} - R_v Q_{om} = 0;$$

3.3 Génération des seuils en présence des incertitudes paramétriques

L'algorithme de diagnostic des systèmes dynamiques, en présence des incertitudes paramétriques a été développé dans le travail de [Djeziri, 2007]. Ce travail est basé sur la transformation linéaire fractionnelle directement sur le modèle graphique. L'idée principale est d'utiliser les propriétés causales du bond graph pour générer non seulement les RRAs, mais aussi pour prendre en considération les incertitudes paramétriques multiplicatives dans le but de générer des seuils adaptatifs.

En effet, les éléments bond graph incertains sont représentés par des éléments BG-LFT, développés dans [Kam, 2005], afin de générer des ARRs composées de deux parties : une partie nominale et une partie incertaine. Le *maximum* de cette dernière est utilisé comme un seuil tandis que l'évaluation de la partie nominale est utilisée comme un indicateur de défauts (résidu). Le défaut est détecté dans le cas où le résidu dépasse le seuil. Cependant, les défauts qui ne provoquent pas un dépassement de seuil par le résidu ne peuvent pas être détectés.

3.3.1 Génération des seuils adaptatifs

Considérons l'exemple du système hydraulique de la Figure 2.4 où les paramètres C_R et R_v sont incertains, tels que :

$$C_R = C_{Rn} \left(1 + \delta_C\right)$$

$$R_v = R_{vn} \left(1 + \delta_R\right)$$

Où C_{Rn} et R_{vn} sont les valeurs nominales des paramètres C_{Rn} et R_{vn}. δ_C et δ_R sont les incertitudes multiplicatives sur les paramètres C_{Rn} et R_{vn}. Donc, pour générer le seuil, le modèle bond graph doit être en causalité dérivée (Figure 3.7-b), les éléments C_R et R_v sont remplacés par des éléments BG-LFT correspondant à des éléments C et R en respectant la causalité dérivée comme le montre la Figure 3.9.

En utilisant l'algorithme de génération des RRAs sur le modèle BG-LFT

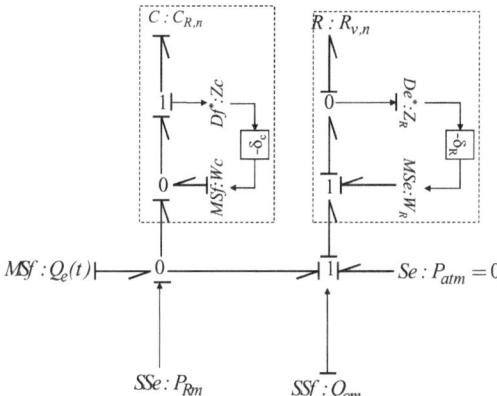

Figure 3.9 – Modèle BG-LFT d'un système hydraulique en causalité dérivée.

représenté dans la Figure 3.9, deux RRAs peuvent être obtenues :

$$RRA_1 : Q_e(t) - C_{R,n}\dot{P}_{Rm} - Q_{om} + W_C = 0;$$
$$RRA_2 : P_{Rm} - R_{v,n}Q_{om}^2 + W_R = 0;$$

où $W_C = -\delta_C C_{R,n}\frac{dP_{Rm}}{dt}$ et $W_R = -\delta_R R_{v,n}Q_{om}^2$ représentent les effets des incertitudes sur les résidus.

On remarque que la RRA_1 est composée de deux parties bien séparées. Une partie nominale $P_n = Q_e(t) - C_{R,n}\dot{P}_{Rm} - Q_{om}$ et une partie incertaine $P_{in} = W_C = -\delta_C C_{R,n}\frac{dP_{Rm}}{dt}$.

Le résidu est l'évaluation de la partie nominale P_n. Il est enveloppé entre deux seuils $(+a, -a)$ de détection. Ces derniers sont calculés en se basant sur la partie incertaine :

$$\pm a_1 = \pm \left| -\delta_C C_{R,n}\frac{dPRm}{dt} \right|$$

L'algorithme de génération des résidus et des seuils moyennant le modèle BG-LFT est basé sur les étapes suivantes :

1. Obtenir le modèle Bond Graph du système en causalité dérivée préférentielle en dualisant les détecteurs si c'est possible.

2. Si le modèle est propre, remplacer les éléments incertains par des éléments BG-LFT.

3. Ecrire les équations des jonctions observées. La forme de ces équations sera exprimée par :

$$Jonction\ 1 : \sum e_n + \sum W = 0$$
$$Jonction\ 0 : \sum f_n + \sum W = 0$$

4. Les résidus r sont déduits en utilisant la partie nominale de chaque RRA :

$$Jonction\ 1 : r = Eval\left(\sum e_n\right)$$
$$Jonction\ 0 : r = Eval\left(\sum f_n\right)$$

5. Les seuils a sont déduits en utilisant l'expression suivante :

$$a = \pm\sum |W|.$$

3.4   Diagnostic en présence des incertitudes de mesures

Le problème de détection et d'isolation de défauts de systèmes dynamiques en présence d'incertitudes de mesures est un problème rencontré lors de l'application d'algorithmes de diagnostic en temps réel. Ce problème se traduit sous forme de fausses alarmes surtout dans le cas où l'évaluation des résidus est en fonction des dérivées des grandeurs mesurées. Plusieurs travaux ont été développés pour résoudre ce problème en utilisant la modélisation LFT et le filtrage par norme [Henry, 2006], ou par la génération des seuil adaptatifs [Frank, 1997].

Dans ce travail, nous avons développé une méthode de diagnostic de systèmes dynamiques, modélisés par bond graph, en présence des incertitudes de mesures [Touati, 2011]. L'intérêt de cette approche est l'utilisation des propriétés structurelles et causales du bond graph pour la génération des expressions mathématiques des seuils en présence des erreurs de mesures. Cette contribution est complémentaire aux travaux réalisés dans le cadre de la thèse de [Djeziri, 2007] qui concerne la génération des seuils robustes aux incertitudes paramétriques.

3.4.1 Algorithme de diagnostic robuste aux incertitudes de mesures

3.4.1.1 Erreur de mesure sur un modèle bond graph en causalité dérivée

La représentation des incertitudes de mesure sur le bond graph peut être effectuée sur un modèle en causalité intégrale aussi bien que sur un modèle en causalité dérivée. Comme expliqué précédemment, les détecteurs sont dualisés. Dans ce cas, les détecteurs imposent aux jonctions du modèle des informations représentant d'un point de vue bond graph la quantité réelle mesurée d'un flux ou d'un effort. Et comme dans toutes les applications réelles, cette information n'est pas parfaite, mais présente certaines erreurs qui dépendent de plusieurs facteurs tels que l'environnement et la qualité des instruments utilisés. Cette erreur de mesure peut être modélisée analytiquement comme suit :

$$SSe_m = e_n + \zeta_{SSe}$$

$$SSe_m = f_n + \zeta_{SSf}$$

(SSe_m, SSf_m), (e_n, f_n) et $(\zeta_{SSe}, \zeta_{SSf})$ sont respectivement, le signal donné par les détecteurs (d'effort, de flux), la quantité nominale de la grandeur physique et les erreurs de mesures sur les détecteurs (d'effort, de flux).

3.4.1.2 Génération des seuils robustes aux incertitudes de mesures

Les relations des jonctions, qui représentent les RRAs candidates, sont théoriquement égales à zéro en fonctionnement normal en supposant que les mesures ainsi que les paramètres sont parfaits. Par contre, en présence d'erreurs de mesure, ces relations peuvent ne pas être égales à zéro, d'où la nécessité de définir des seuils de détection pour une décision robuste.

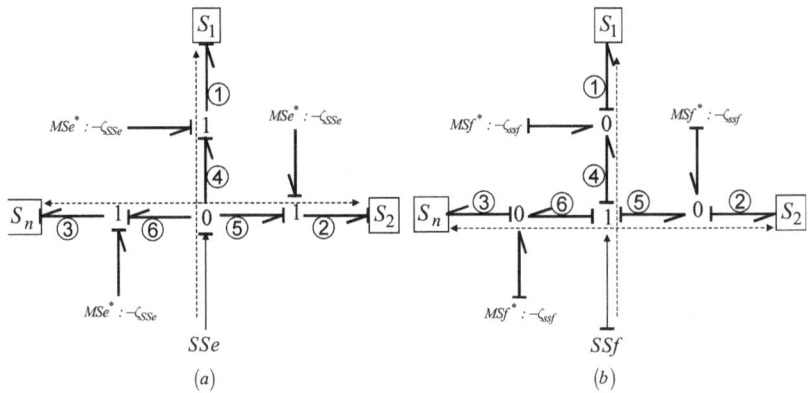

Figure 3.10 – Détecteurs dualisés en présence d'erreur de mesure.

La première étape de génération des seuils est la représentation des erreurs de mesures sur le modèle Bond graph comme le montre la Figure 3.10. Dans cette dernière, l'erreur de mesure additive sur le détecteur de flux (respectivement d'effort) est représentée par des sources virtuelles de flux $MSf^* : -\zeta_{SSf}$ (respectivement d'effort $MSe^* : -\zeta_{SSe}$) sur tous les liens connectés à la jonction observée où ζ_{SSe} et ζ_{SSf} représentent les erreurs de mesures.

En fonctionnement normal, les RRAs candidates sont issues des jonctions observées :

$$RRA \begin{cases} \sum f_i + \sum Sf_i = 0; & \text{pour une jonction 0.} \\ \sum e_i + \sum Se_i = 0; & \text{pour une jonction 1.} \end{cases}$$

Les e_i et les f_i sont les variables inconnues éliminées par un parcours des chemins causaux.

En présence des erreurs de mesures, les RRAs candidates sont données par les équations suivantes :

$$RRA \begin{cases} \sum f_i + \sum Sf_i - \sum G_i \zeta_{SS,i} = 0; & \text{pour une jonction 0.} \\ \sum e_i + \sum Se_i - \sum G_i \zeta_{SS,i} = 0; & \text{pour une jonction 1.} \end{cases}$$

Où $\zeta_{SS,i}$ sont les erreurs de mesures sur les détecteurs dualisés SS. G_i est le gain du chemin causal reliant l'erreur de mesures $\zeta_{SS,i}$ et la jonction observée.

L'algorithme de génération des seuils robuste aux incertitudes de mesures est alors effectué comme suit :

– Obtention du modèle bond graph en causalité dérivée préférentielle.

– Représentation des erreurs de mesures sur le modèle bond graph.

– Dualisaton des détecteurs.

– Les RRAs incertaines peuvent être obtenues des jonctions observées.

Le découplage entre la partie nominale P_n et la partie incertaine P_n de chaque RRAs candidate peut s'effectuer directement à partir du modèle bond graph en utilisant les chemins causaux :

$$P_{in} = \sum G_j \left(\zeta_{SS,i} \to J_o \right) \zeta_{SS,i}$$

où G_j représentent les gains des chemins causaux entre la jonction observée J_o et la source représentant l'erreur de mesure $\zeta_{SS,i}$.

– Le seuil a est calculé en utilisant l'expression suivante :

$$a = \max \left(P_{in} \right) = \sum \max \left(G_j \left(\zeta_{SS,i} \to J \right) \zeta_{SS,i} \right)$$

3.4.2   Évaluation des seuils

Supposons que l'erreur ζ_{SS} est bornée par Δ_{SS}. La valeur du seuil est alors calculée comme suit :

$$a = \max \left(P_{in} \right) = \sum \max \left(G_j \left(\zeta_{SS,i} \to J \right) \zeta_{SS,i} \right)$$

On considère que les erreurs de mesures sont aléatoires et bornées. Dans ce cas, le calcul du seuil a est en fonction des maximums des dérivées des erreurs de mesures, car le modèle bond graph est un modèle où les éléments dynamiques sont en causalité dérivée.

$$P_{in} = \Phi \left(\zeta_{SS}, \dot{\zeta}_{SS}, \ddot{\zeta}_{SS}, ..., \zeta_{SS}^{(n)} \right) \tag{3.2}$$

ζ_{SS} est l'erreur de mesure et n est l'ordre de la dérivation.

En pratique, la dérivation de l'erreur de mesure est calculée comme suit :

$$\frac{d\zeta_{SS}}{dt} \equiv \frac{\Delta\zeta_{SS}}{\Delta t} = \frac{\zeta_{SS}(t_i) - \zeta_{SS}(t_{i-1})}{t_i - t_{i-1}} \tag{3.3}$$

où $\zeta_{SS}(t_i)$ est l'erreur à l'instant t_i.

La dérivée de l'erreur de mesure (aléatoire et bornée par Δ_{SS}) peut être maximisée en utilisant l'expression suivante :

$$\max\left(\frac{\Delta\zeta_{SS}}{\Delta t}\right) = \max\left(\frac{\zeta_{SS}(t_i) - \zeta_{SS}(t_{i-1})}{t_i - t_{i-1}}\right) = \frac{2\Delta_{SS}}{\Delta t} \tag{3.4}$$

Donc le seuil est calculé en utilisant l'expression suivante :

$$a = \max(P_{in}) = \Phi\left(\Delta_{SS}, \frac{2}{\Delta t}\Delta_{SS}, \frac{4}{\Delta t^2}\Delta_{SS}, ..., \frac{2^n}{\Delta t^n}\Delta_{SS}\right)$$

3.4.2.1   Exemple

Prenons le modèle bond graph nominal représenté par la Figure 3.11-(a). En présence des erreurs de mesures, le modèle bond graph est représenté par la Figure 3.11-(b).

Deux RRAs peuvent être générées à partir du modèle nominal :

$$\begin{aligned} RRA_1 &: U - C_1\frac{dDe_1}{dt} - Df_1 = 0 \\ RRA_2 &: De_1 - RDf_1 = 0 \end{aligned} \tag{3.5}$$

En tenant compte des erreurs de mesures (Modèle de la Figure 3.11-(b)), nous

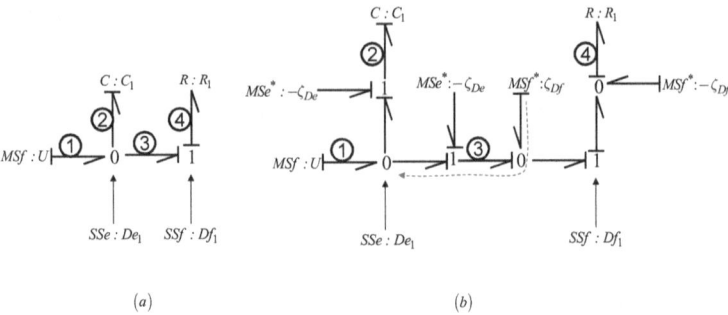

(a)   (b)

Figure 3.11 – modèle bond graph nominal (a) et en présence des erreurs de mesure (b).

pouvons générer les RRAs (incertaines) suivantes :

$$RRA_1 : \overbrace{U - C_1\frac{dDe_1}{dt} - Df_1}^{P1_n} + \overbrace{C_1\frac{d\zeta_{De}}{dt} + \zeta_{Df}}^{P1_{in}} = 0$$

$$RRA_2 : \underbrace{De_1 - RDf_1}_{P2_n} + \underbrace{\zeta_{De} + R\zeta_{Df}}_{P2_{in}} = 0$$

Ces deux RRAs sont constituées de deux parties : les parties nominales $P1_n$ et $P2_n$, et les parties incertaines $P1_{in}$ et $P2_{in}$. Les parties incertaines, qui vont servir à calculer les seuils, sont générées à partir du modèle incertain :

$$P1_{in} = C_1\dot{\zeta}_{De} + \zeta_{Df};$$
$$P2_{in} = \zeta_{De} + R_1\zeta_{Df};$$

Ces deux parties donnent les seuils suivants :

$$a_1 = \pm(\tfrac{2C_1}{\Delta t}\max(\zeta_{De}) + \max(\zeta_{Df}));$$
$$a_2 = \pm(\max(\zeta_{De}) + R_1\max(\zeta_{Df}));$$

(3.6)

3.5 Evaluation des RRAs

3.5.1 Problématique

Dans la partie précédente, la méthode qui permet la génération des seuils de détection de défauts en présence des incertitudes de mesures, a été présentée. Cette méthode montre que les seuils sont calculés en ligne en fonction du temps d'échantillonnage. Mais la maximisation de la dérivée des erreurs de mesures (équation 3.4), peut introduire des seuils surdéterminés provoquant ainsi d'éventuelles non détections de certains défauts.

Pour améliorer la détection de ces défauts, des filtres numériques linéaires peuvent être utilisés [Touati, 2011]. L'idée principale est d'appliquer des filtres numériques linéaires sur les résidus, calculés en fonction des dérivées des signaux de mesures et d'utiliser l'expression de ces filtres pour recalculer le maximum de la dérivée de l'erreur de mesure comme illustré sur la Figure 3.12. L'ordre du filtre sera choisi en fonction des performances de diagnostic imposées principalement en termes de temps de détection qui dépend de la dynamique du système. Toutefois, afin d'éviter des non détection de certains défauts noyés dans le filtrage, on propose de mettre en parallèle un banc de filtre d'ordres différents (Figure 3.13).

3.5.2 Calcul des seuils

Considérons l'expression mathématique P_{in} d'une partie incertaine d'une RRA générée à partir d'un modèle bond graph tel que :

$$P_{in} = \Phi \left(\zeta_{SS}, \dot{\zeta}_{SS}, \ddot{\zeta}_{SS}, ..., \zeta_{SS}^{(n)} \right)$$

93

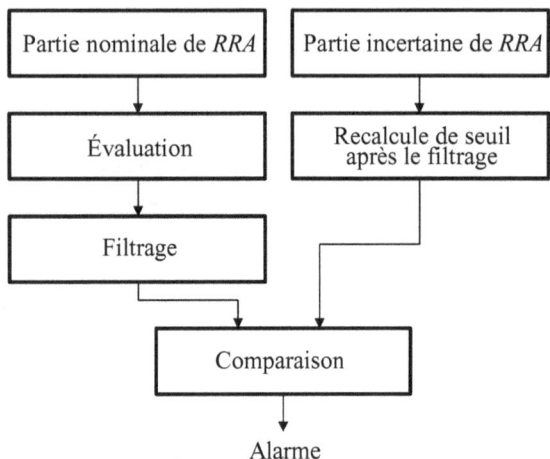

Figure 3.12 – Filtrage de résidu.

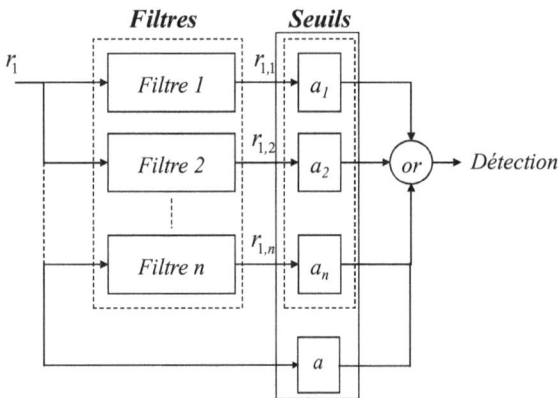

Figure 3.13 – Détection de défaut en utilisant un banc de filtres.

Cette partie incertaine est associée à une RRA tel que :

$$RRA : P_n + P_{in} = 0$$

Où P_n représente la partie nominale du RRA. L'évaluation de cette dernière donne le résidu r.

En appliquant un filtre numérique linéaire de la forme suivante :

$$F : Y_k = \sum_{l=0}^{n-1} h_l X(k-l) \tag{3.7}$$

Où X et Y représentent respectivement l'entrée et la sortie du filtre.

On obtient :

$$RRA : F\left(P_n\right) + F\left(P_{in}\right) = 0$$

Par conséquent, le seuil après le filtrage est calculé à partir de l'expression suivante :

$$a = max\left(F\left(P_{in}\right)\right)$$

Dans le cas linéaire, cette expression peut être écrite sous la forme suivante :

$$
\begin{aligned}
a &= max\left(F\left(\Phi\left(\zeta_{SS}, \dot{\zeta}_{SS}, \ddot{\zeta}_{SS}, ..., \zeta_{SS}^{(n)}\right)\right)\right) \\
&= max\left(\Phi\left(F\left(\zeta_{SS}\right), F\left(\dot{\zeta}_{SS}\right), F\left(\ddot{\zeta}_{SS}\right), ..., F\left(\zeta_{SS}^{(n)}\right)\right)\right) \\
&= \Phi'\left(max\left(F\left(\zeta_Y\right)\right), max\left(F\left(\dot{\zeta}_{SS}\right)\right), max\left(F\left(\ddot{\zeta}_{SS}\right)\right), ..., max\left(F\left(\zeta_{SS}^{(n)}\right)\right)\right)
\end{aligned}
$$

Puisque toutes les propriétés de l'erreur de mesure sont inconnues hormis le fait qu'elle soit bornée1, le maximum de la valeur filtré de l'erreur de mesure

95

est calculé comme suit :

$$\max\left(F(\zeta_{SS})_k\right) = \max\left(\sum_{l=0}^{n-1} h_l \zeta_{SS}\left(k - l\right)\right) = \sum_{l=0}^{n-1} h_l \max\left(\zeta_{SS}\left(k - l\right)\right)$$

$$\max\left(F(\zeta_{SS})_k\right) = \sum_{l=0}^{n-1} h_l \Delta_{SS} \tag{3.8}$$

Le maximum de la dérivée de l'erreur de mesure est calculé de la façon suivante :

$$F(\dot{\zeta}_{SS})_k \equiv \frac{\displaystyle\sum_{l=0}^{n-1} h_l \zeta_{SS}\left(k - l\right) - \sum_{l=0}^{n-1} h_l \zeta_{SS}\left(k - l - 1\right)}{\Delta t}$$

$$F(\dot{\zeta}_{SS})_k \equiv \frac{\left(h_0 \zeta_{SS}\left(k - 0\right) + h_1 \zeta_{SS}\left(k - 1\right) + \cdots + h_{n-1}\zeta_{SS}\left(k - n - 1\right)\right)}{\Delta t}$$
$$- \frac{\left(h_0 \zeta_{SS}\left(k - 1\right) + h_1 \zeta_{SS}\left(k - 2\right) + \cdots + h_{n-1}\zeta_{SS}\left(k - n - 2\right)\right)}{\Delta t}$$

$$F(\dot{\zeta}_{SS})_k \equiv \frac{h_0 \zeta_{SS}\left(k - 0\right) + (h_1 - h_0)\zeta_{SS}\left(k - 1\right)}{\Delta t}$$
$$+ \cdots + \frac{(h_{n-1} - h_{n-2})\zeta_{SS}\left(k - n - 1\right) - h_{n-1}\zeta_{SS}\left(k - n - 2\right)}{\Delta t}$$

$$\max\left(F(\dot{\zeta}_{SS})_k\right) \equiv \frac{h_0 \Delta_{SS} + \displaystyle\sum_{l=0}^{n-2} (h_{l+1} - h_l)\Delta_{SS} + h_{n-1}\Delta_{SS}}{\Delta t} \tag{3.9}$$

3.5.2.1 Remarque

L'application d'un filtre sur le résidu et non pas sur les signaux de mesures est expliqué par le fait que le résidu est évalué généralement en utilisant plusieurs signaux en même temps. Ces signaux doivent être synchronisés pour que le résidu soit nul (sans erreurs de mesures). Cependant, l'application d'un filtre uniquement sur l'un de ces signaux peut engendrer de fausses alarmes ou des non détections à cause de la non-synchronisation qui peut être due à un retard introduit par le filtre.

Afin de montrer l'effet du filtrage sur la dérivation de l'erreur de mesure, nous prenons à titre d'exemple un filtre à moyenne mobile (Moving Average Filter en anglais).

3.5.2.2 Filtre à moyenne mobile

Un filtre à moyenne mobile est un filtre ayant la forme décrite par l'équation 3.7 où les coefficients h_l sont égaux à $\frac{1}{n}$ et n est le nombre d'échantillons. En effet, en utilisant ce filtre, les équations 3.8 et 3.9 permettent de déduire respectivement les équations suivantes :

$$\max\left(F\left(\zeta_{SS}\right)\right) = \sum_{l=0}^{s-1} h_l \Delta_{SS} \tag{3.10}$$

$$\max\left(F\left(\dot{\zeta}_{SS}\right)\right)_k = \left(\frac{h_0 \Delta_{SS} + h_{s-1} \Delta_{SS}}{\Delta t}\right) \tag{3.11}$$

Si les coefficients du filtre $(h_l | l = 0, 1, 2..., n - 1)$ sont égaux à $\frac{1}{n}$, alors les équations (3.10) et (3.11) s'écrivent respectivement comme suit :

$$\max\left(F\left(\zeta_{SS}\right)\right)_k = \Delta_{SS}; \tag{3.12}$$

$$\max\left(F\left(\dot{\zeta}_{SS}\right)\right)_k = \frac{2\Delta_{SS}}{n\Delta t}; \tag{3.13}$$

3.5.2.3 Exemple

Reprenons les RRAs et les seuils donnés respectivement par les équations (3.5) et (3.6).

$$F : y = \sum_{l=0}^{n-1} \frac{1}{n} x_l \qquad (3.14)$$

En appliquant le filtre F décrit par l'équation (3.14) sur le résidu r_1 associé au seuil a_1, la dérivée de l'erreur de mesure est maximisée en utilisant l'équation (3.15) :

$$Max\left(F\left(\dot{\zeta}_{De} \right) \right) \equiv \frac{2 \max\left(\zeta_{De} \right)}{n\Delta t} \qquad (3.15)$$

Dans ce cas, le seuil est calculé comme suit :

$$a_1 = \frac{2}{n\Delta t} C \max\left(\zeta_{De} \right) + \max\left(\zeta_{Df} \right) ;$$

3.5.3 Génération des seuils en présence des incertitudes paramétriques et de mesures

Dans le cas où les incertitudes paramétriques sont considérées, l'algorithme d'évaluation des résidus en utilisant les filtres numériques linéaires à moyenne glissante est illustré dans la Figure 3.14, où F est le filtre considéré. f_F est la fonction mathématique du filtre utilisée pour calculer le maximum de l'erreur de mesure après la dérivation. Δ_p représente les incertitudes paramétriques. Δ_m représente les incertitudes de mesures.

Les étapes de l'algorithme de génération des nouveaux seuils (après le filtrage) peuvent être résumées comme suit :

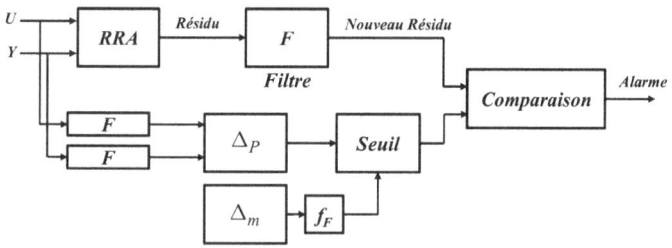

Figure 3.14 – Détection de défaut en utilisant un banc de filtres.

1. Calculer la valeur maximal de l'effet des incertitudes de mesures en utilisant l'algorithme de génération des seuils en présence des incertitudes de mesures et l'équation 3.8.

2. Calculer la valeur maximal de l'effet des incertitudes paramétriques en filtrant les signaux de mesure utilisés pour calculer les seuils adaptatifs par le même filtre F.

3. Calculer le seuil en additionnant les deux valeurs.

3.6   Matrice de signature de défauts

La structure des résidus $R = \{r_1, r_2, \ldots, r_n\}$ forme une Matrice de Signature de défauts (MSF) binaire ayant pour colonnes l'ensemble des résidus et pour lignes l'ensemble des composants $C = \{C_1, C_2, \ldots, C_n\}$ qui peuvent être affectés par des défauts. Les éléments booléens de la matrice $S_{i,j}\,(0,1)$ (Figure 3.15) nous renseignent sur la sensibilité des résidus aux défaillances.

Notons que la sensibilité caractérise l'aptitude de la procédure à détecter des défauts d'amplitude donnée. Elle dépend de la structure des équations des indicateurs de fautes et surtout de l'amplitude relative de l'erreur de mesure par rapport à celle du défaut à détecter. La matrice de signatures de défauts fournit la logique pour la localisation des défaillances détectées durant le fonctionnement du système et est déduite hors ligne. Les éléments de la MSF sont définis comme suit :

$$S_{i,j} = 1 \text{ si la RRA j contient la variable C}_i; \tag{3.16}$$

$$S_{i,j} = 0 \text{ si non.} \tag{3.17}$$

$$\tag{3.18}$$

	ARR_1	ARR_2	$\cdots$	ARR_n	Db	Ib
C_1	$S_{1,1}$	$S_{1,2}$	$\cdots$	$S_{1,n}$	Db_1	Ib_1
C_2	$S_{2,1}$	$S_{2,2}$	$\cdots$	$S_{2,n}$	Db_2	Ib_2
$\vdots$	$\vdots$	$\vdots$	$\ddots$	$\vdots$	$\vdots$	$\vdots$
C_{m-1}	$S_{m-1,1}$	$S_{m-1,2}$	$\cdots$	$S_{m-1,n}$	Db_{m-1}	Ib_{m-1}
C_m	$S_{m,1}$	$S_{m,2}$	$\cdots$	$S_{m,n}$	Db_m	Ib_m

Figure 3.15 – La matrice de signature de défauts.

Le vecteur colonne D_b représente la détectabilité d'un défaut. Les éléments de ce vecteur sont calculés en utilisant les équations suivantes :

$$Db_j = 1 \text{ si au moins une RRA contient la variable C}_j; \tag{3.19}$$

$$Db_j = 0 \text{ si non.} \tag{3.20}$$

$$\tag{3.21}$$

Le vecteur *Ib* représente l'isolabilité structurelle d'un défaut. Les éléments de ce vecteur sont obtenus comme suit :

$$Ib_j = 1 \text{ si la signature } \{S_{1,j}, S_{2,j}, \cdots, S_{n,j}\} \text{ est unique;} \tag{3.22}$$

$$Ib_j = 0 \text{ sinon.} \tag{3.23}$$

$$\tag{3.24}$$

Deux défauts f_1 et f_2 ne sont pas isolable s'ils ont la même signature. Dans le chapitre suivant, nous présenterons une méthode basée sur l'estimation de défauts pour isoler ce type de défauts.

3.7 Conclusion

Dans ce chapitre, nous avons présenté une méthode de diagnostic robuste aux incertitudes de mesures basée sur l'approche bond graph. La méthode repose sur la génération des seuils en tenant en compte l'effet des incertitudes sur les résidus et cela afin d'éliminer les fausses alarmes. Nous avons remarqué que les seuils générés sont parfois surestimés à cause de la dérivation des signaux de mesures, ce qui cause des problèmes de non-détections de certains défauts dont l'effet sur les résidus est faible. Pour contourner ce problème, nous avons utilisé des filtres linéaires à moyenne mobile pour minimiser l'effet des dérivations de l'erreur de mesure en recalculant des nouveaux seuils de détection. Cette méthode a été implémentée sur un système électromécanique (Robotino) et les résultats correspondants sont donnés dans le chapitre 5.

Chapitre 4

Estimation de défauts par bond graph

4.1 Introduction

L'estimation d'un défaut est l'identification de son amplitude en fonction du temps. Plusieurs approches ont été développées pour l'estimation des défauts d'entrées (d'actionneurs), les défauts de composants ainsi que les défauts de capteurs. Ces approches reposent sur différentes techniques tels que : l'estimation de paramètres, les méthodes de filtrage et les observateurs.

Les méthodes d'estimation de paramètres sont basées sur l'hypothèse que les défauts n'affectent que les paramètres physiques du système tels que la résistance, la masse, la capacitance et l'inductance [Isermann, 1997]. L'idée principale de ces méthodes est de comparer les paramètres estimés en ligne avec les paramètres de référence qui sont estimés initialement en fonctionnement normal. La différence entre la valeur du paramètre en présence de défaut et celle du paramètre de référence représente le défaut de composant.

Dans les méthodes de filtrage [Zhong, 2008],[Blanke, 2006], les résidus sont calculés de façon à ce qu'ils soient plus sensibles aux défauts qu'aux incertitudes. L'estimation de défaut en utilisant ces méthodes repose sur l'obtention de la fonction de transfert entre le résidu et le défaut avec la possibilité de diminuer l'effet des perturbations sur le résultat de l'estimation.

Les méthodes basées sur les observateurs sont utilisées ces dernières années pour l'estimation des défauts d'entrées et les défauts de capteurs [Guerra, 2007], [Khedher, 2010], [Jiang, 2005]. Parmi les problèmes rencontrés dans l'utilisation de ces méthodes, nous citons la rapidité de convergence des erreurs d'estimation et la précision du résultat final [Zhang, 2008].

Dans ce chapitre, nous allons présenter une technique d'estimation de défauts à base de modèle bond graph. Cette technique est basée sur l'association du modèle BG-LFT et la notion de la bicausalité pour générer les équations d'estimation de défauts. Ces dernières sont obtenues systématiquement du modèle bond graph afin d'estimer les défauts qui peuvent affecter les entrées (actionneurs), les sorties (capteurs) et les paramètres (composants) du système dynamique. Ainsi, ces équations d'estimation vont être utilisées par la suite pour améliorer la procédure d'isolation de défauts. Elles peuvent être aussi utilisées pour étudier la sensibilité des résidus aux défauts et pour la synthèse de la commande tolérante aux fautes (FTC).

4.2 Modélisation du défaut par BG-LFT

Sur un modèle bond graph, les composants du système dynamique sont représentés par des éléments graphiques. En effet, ces éléments modélisent les phénomènes d'échange d'énergie au sein du système et qui sont associés

104

généralement à des grandeurs physiques tels que la résistance électrique, l'inductance, l'inertie, la masse,...etc. Selon [Isermann, 2006], un défaut est une déviation imprévue et inacceptable d'une ou plusieurs caractéristiques physiques des composants du système, par rapport à des conditions standards acceptables.

Cette déviation peut toucher l'ensemble des entrées, des mesures et des paramètres du système. En effet, sur un modèle bond graph, un défaut peut être associé soit aux éléments bond graph passifs qui représentent les paramètres physiques, ou bien aux éléments actifs représentant les entrées et les détecteurs (capteurs). La forme BG-LFT est bien adaptée à la représentation des défauts des paramètres physiques, des entrées et des mesures du système. Grâce à cette représentation, la puissance générée par le défaut peut aussi être estimée et quantifiée.

4.2.1 Modélisation d'un défaut paramétrique

Sur un modèle bond graph, un défaut paramétrique peut affecter un des éléments R, C, I, TF et GY. Ce défaut est considéré comme une variation des valeurs nominales associées aux éléments passifs du bond graph. Ce type de défaut est représenté par le modèle BG-LFT dans la Figure 4.1.

Considérons un défaut multiplicatif sur un élément R, tel que :

$$R = R_n \left(1 + F_R\right) \tag{4.1}$$

R_n est la valeur nominale du paramètre R. F_R est la valeur du défaut multiplicatif sur R.

La relation entre le flux et l'effort de l'élément R est déduite en fonction

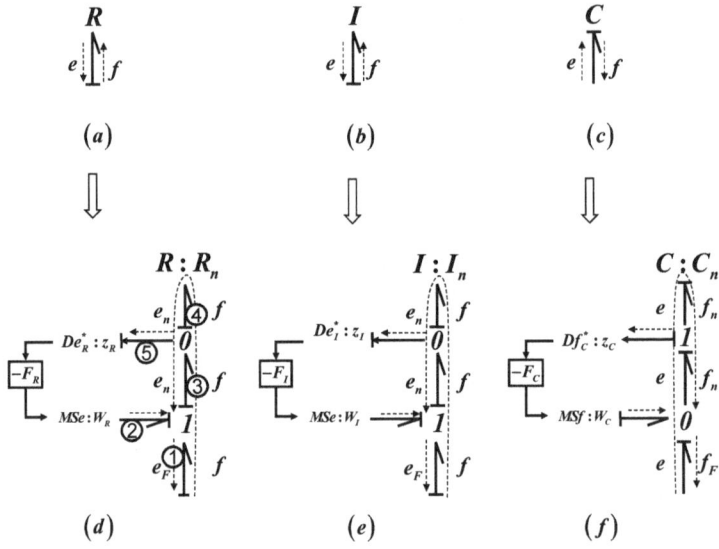

Figure 4.1 – Représentation des défauts paramètriques par BG-LFT.

de la causalité. Par exemple, un élément R en causalité résistance en présence d'un défaut paramétrique F_R est représenté par le modèle BG-LFT de la Figure 4.1-(d). À partir de cette figure, les équations suivantes sont générées :

$$\text{Jonction 1} \begin{cases} e_1 = e_3 - e_2; \\ f_1 = f_2 = f_3 = f; \\ e_3 = e_5 = e_4; \\ f_3 = f_4 - \underbrace{f_5}_{f_5 = 0} = f; \end{cases}$$
$$\text{Jonction 0}$$

avec :
$$W_R := -z_R F_R;$$
$$z_R := e_5 = e_n;$$
$$e_n := e_4 = \underbrace{R_n f}_{\text{Causalité résistance}};$$
$$e_F := e_1;$$

ainsi :
$$\begin{aligned} e_F &= Rf = R_n \left(1 + F_R\right) f; \\ e_F &= R_n f + R_n F_R f; \\ e_F &= e_n - W_R; \end{aligned} \tag{4.2}$$

où $W_R = -R_n F_R f$ représente l'effort généré par le défaut F_R. e_n est l'effort nominal engendré par l'élément R_n. f est le flux imposé par le système sur l'élément R en cas de défaut.

Cette équation représente le modèle mathématique associé à l'élément BG-LFT illustré par la Figure 4.1-(d).

En causalité conductance (Figure 4.2-(a)), l'effort est imposé sur l'élément

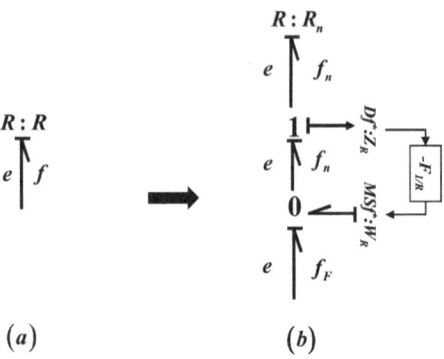

(a) (b)

Figure 4.2 – Représentation d'un défaut sur un élément R en causalité conductance.

R. Dans ce cas, l'équation qui relie l'effort et le flux peut s'écrire comme suit :

$$f_F = \frac{1}{R_n(1+F_R)}e$$
$$f_F = \frac{1}{R_n}\left(1 + F_{\frac{1}{R}}\right)e$$

où $F_{\frac{1}{R}} = -\frac{F_R}{1+F_R}$.

Cette équation représente le modèle mathématique associé à l'élément BG-LFT donné par la Figure 4.2-(b).

Les défauts multiplicatifs sur les éléments dynamiques I et C sont aussi représentés de la même manière qu'un défaut sur un élément R comme le montre la Figure 4.1-(e) et (f). Dans ce cas, F représente une fonction reliant Z et W en tenant en compte la variation du défaut. Par exemple, pour un élément C en causalité dérivée, les équations suivantes peuvent être obtenues :

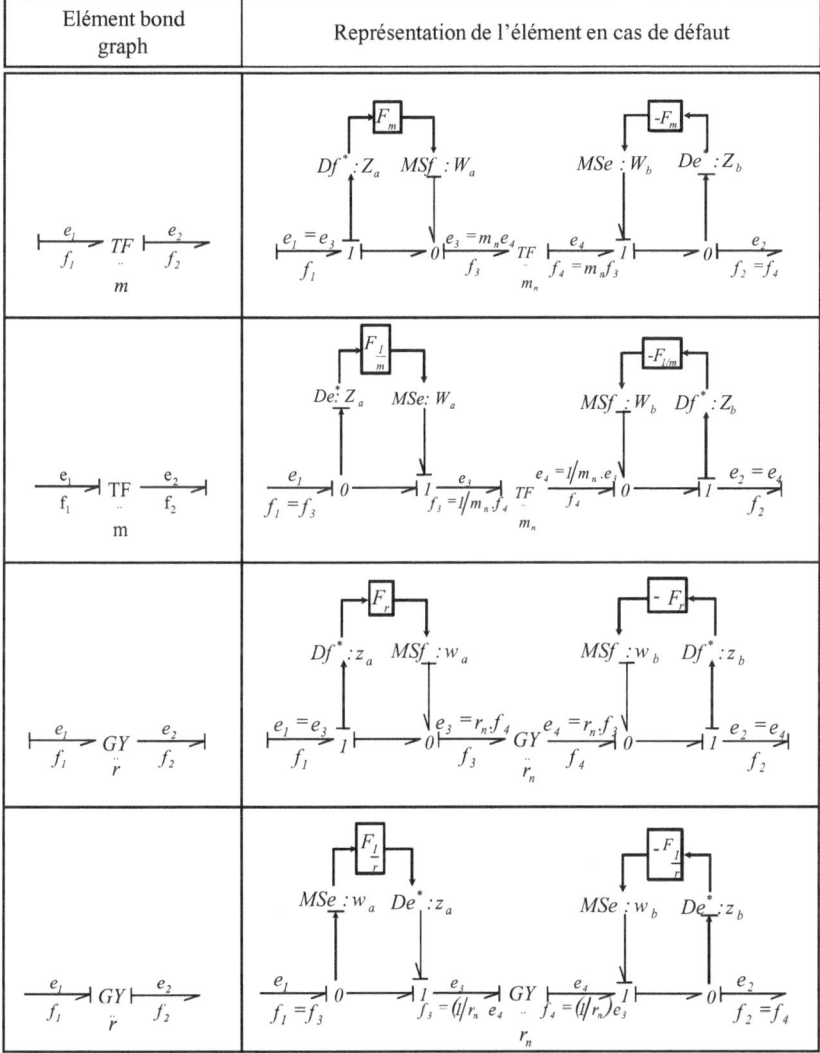

Figure 4.3 – Représentation des défauts sur les éléments TF et GY par BG-LFT.

$$f_F = \frac{d((C_n + C_n \xi_C)e)}{dt} = C_n \frac{de}{dt} + \underbrace{C_n \xi_C \frac{de}{dt} + C_n e \frac{d\xi_C}{dt}}_{W_C}$$

$$f_F = \frac{d((C_n + C_n \xi_C)e)}{dt} = C_n \frac{de}{dt} + \underbrace{\xi_C z_c + \frac{d\xi_C}{dt} \int z_c dt}_{W_C}$$

$C\xi_C$ est la variation instantané sur le paramètre C.

Les éléments TF et GY, en présence de défauts multiplicatifs, sont représentés par les modèles BG-LFT illustrés sur la Figure 4.3.

4.2.2 Modélisation d'un défaut d'entrée

Les entrées (actionneurs) du système sont modélisées en bond graph par des sources de flux ou d'effort selon leur type. En effet, les entrées du système sont représentées graphiquement par des éléments Sf et Se, ou par des sources modulées MSf et MSe dans le cas où elles sont modulées. On dit qu'un défaut a affecté une entrée, si la sortie réelle de cette dernière ne correspond pas à la sortie prédite. Dans ce cas, on peut écrire :

1. Pour une source de flux $\rightarrow f_F = f_{pr} + F_{MSf}$.

   où f_F est la sortie réelle de la source de flux, f_{pr} est la sortie prédite et F_{MSf} est la valeur de défaut sur la source de flux.

2. Pour une source d'effort $\rightarrow e_F = e_{pr} + F_{MSe}$.

   où e_F est la sortie réelle de la source d'effort, e_{pr} est la sortie prédite et F_{MSe} est la valeur de défaut sur la source d'effort.

Ces équations peuvent être reproduites graphiquement par les modèles bond graph illustrés par les Figures 4.4-(a) et (b).

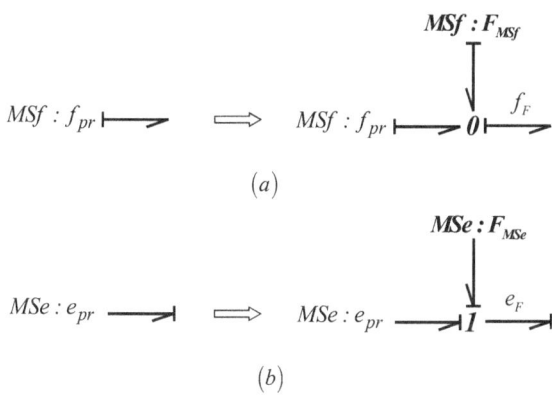

Figure 4.4 – Représentation des défauts d'entrées.

4.2.3 Modélisation d'un défaut de capteur

Les défauts de capteurs peuvent être représentés sur le modèle bond graph de la même façon que les incertitudes de mesures. Donc, sur un modèle bond graph, un défaut de capteur est représenté par des sources virtuelles d'effort, si le capteur est modélisé par un détecteur d'effort (Figure 4.5-a), ou bien par des sources de flux dans le cas d'un détecteur de flux (Figure 4.5-b) :

En causalité dérivée, quand les détecteurs sont dualisés comme l'illustre la Figure 4.5, les équations mathématiques (4.3) peuvent aussi être générées (Figure 4.5-(a),(b)) :

$$
\begin{aligned}
(a) &\rightarrow e_r = e_F - F_{SSe} \\
(b) &\rightarrow f_r = f_F - F_{SSf}
\end{aligned}
\tag{4.3}
$$

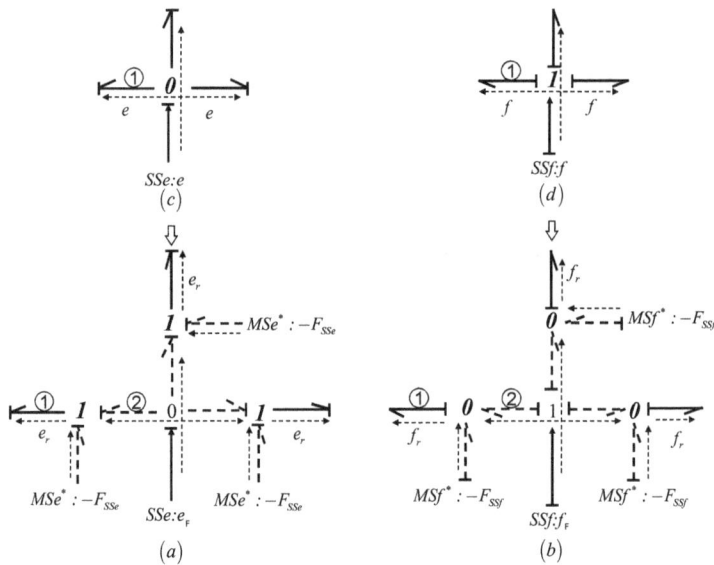

Figure 4.5 – Représentation des défauts de capteurs.

4.3 Procédure d'estimation de défauts par l'approche bond graph

La génération des équations d'estimation de défauts peut être effectuée directement à partir du modèle BG-LFT à l'aide de la notion de bicausalité. Afin d'illustrer la procédure d'estimation, nous considérons dans un premier temps les suppositions suivantes :

1. Un seul défaut affecte le système physique.

2. Le défaut est supposé détectable et isolable.

4.3.1 Notion de bicausalité

Généralement sur un modèle bond graph dédié à la simulation ou à des fins de conception d'algorithmes de diagnostic, la causalité permet de définir le sens de la propagation du flux et de l'effort. Cette notion permet aussi de déduire systématiquement les équations mathématiques du système. Sur un modèle bond graph dédié à l'estimation paramétrique, des nouvelles règles d'affectation de causalité ont été développées dans [Gawthrop, 1995]. L'idée est de diviser le trait causal en deux : une moitié indique le sens dont l'effort est connu et l'autre indique le sens dont le flux est connu (Figure 4.6).

Considérons un élément R en bicausalité de la Figure 4.7-(c). Cette représentation signifie que le flux et l'effort sont connus pour l'élément R. Ainsi, on peut déduire la valeur de R en utilisant l'équation suivante :

$$R = \frac{e\,(t)}{f\,(t)} \tag{4.4}$$

113

$$e_1 := e_2$$
$$f_1 := f_2$$

$$e_2 := e_1$$
$$f_2 := f_1$$

Figure 4.6 – La notion de bicausalité.

		BG	Block diagrame	équation
(a)	Causalité résistance	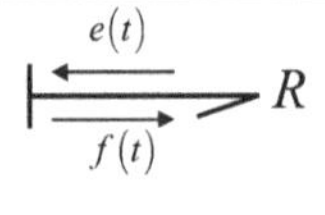	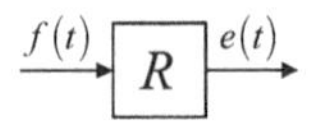	$e(t) = Rf(t)$
(b)	Causalité conductance	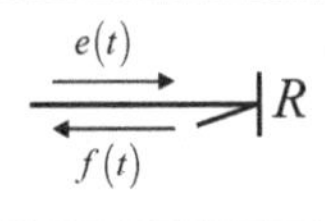	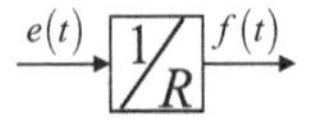	$f(t) = e(t) / R$
(c)	Bicausalité	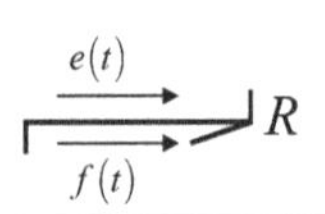	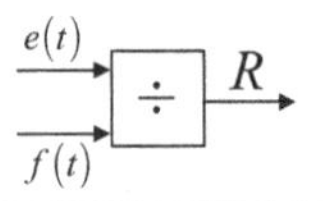	$R = e(t) / f(t)$

Figure 4.7 – (a) L'élément R en causalité résistance. (b) L'élément R en causalité conductance. (c) L'élément R en bicausalité.

Sur un modèle bond graph bicausal, le flux et l'effort sont éliminés l'un indépendamment de l'autre.

4.3.2 Estimation d'un défaut paramétrique à partir d'un modèle bond graph

L'estimation d'un défaut paramétrique par l'approche bond graph est basée essentiellement sur l'application de la bicausalité à la source qui représente l'effet du défaut sur la dynamique du système. En effet, l'utilisation de la bicausalité permet de calculer l'effort ou le flux généré par le défaut. Pour calculer la valeur du défaut paramétrique considéré comme multiplicatif, il suffit juste de calculer la sortie virtuelle Z et l'entrée fictive W associées à un élément BG-LFT. Ainsi, la valeur du défaut F est calculée à partir de l'équation d'estimation suivante :

$$F = -\frac{W}{Z}$$

Pour que l'équation d'estimation de défaut paramétrique existe, il faut que :

1. Le modèle bond graph soit surdéterminé, c'est-à-dire tous les éléments dynamiques sont en causalité dérivée en présence d'au moins un détecteur dualisé.

2. Il existe un chemin causal entre la source qui représente l'effort ou le flux généré par le défaut et un détecteur dualisé.

Considérons le système électrique donné par la Figure 4.8-(a). Le modèle bond graph correspondant à ce système est représenté par la Figure 4.8-(b). Sur ce modèle, les éléments dynamiques acceptent la causalité dérivée avec la

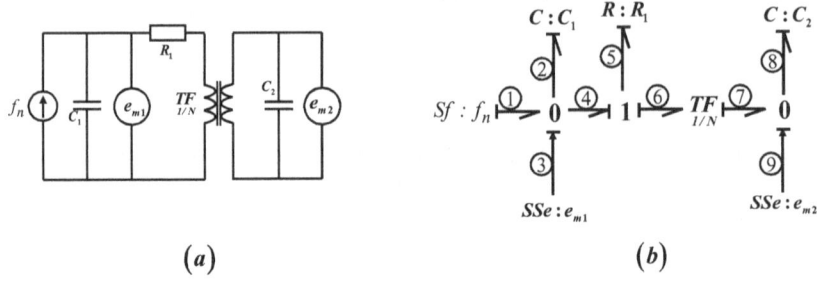

(a) (b)

Figure 4.8 – (a) Un système électrique. (b) Modèle bond graph correspondant en causalité dérivée.

dualisation de deux détecteurs. À partir de ce modèle, il est possible de générer les deux relations de redondances analytiques (RRA_1 et RRA_2) suivantes :

$$RRA_1 : f_n - C_1 \frac{de_{m1}}{dt} - \frac{e_{m1} - \frac{1}{N}e_{m2}}{R_1} = 0;$$
$$RRA_2 : \frac{e_{m1} - \frac{1}{N}e_{m2}}{NR_1} - C_2 \frac{de_{m2}}{dt} = 0;$$

Supposons qu'un défaut F_R affect l'élément $R : R_1$. Ce défaut peut être représenté sur le modèle bond graph par un élément BG-LFT tel qu'il est montré sur la Figure 4.9-(a). Dans ce cas, la RRA_1 devient (4.5) :

$$RRA_1 : f_n - C_1 \frac{de_{m1}}{dt} - \frac{e_{m1} - \frac{1}{N}e_{m2}}{R_1} + W_R = 0; \qquad (4.5)$$

où W_R représente le flux généré par le défaut $F_{\frac{1}{R}}$. L'expression du défaut peut être obtenue analytiquement en calculant W_R à partir de l'équation (4.5), et Z_R qui peut être obtenu directement du modèle bond graph :

116

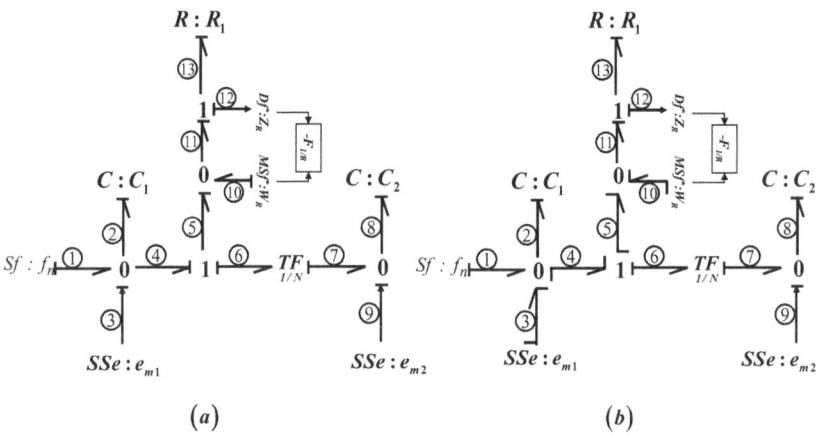

Figure 4.9 – Estimation d'un défaut paramétrique. Modèle bond graph en causalité dérivée (a) et en bicausalité (b).

$$W_R = -\left(f_n - C_1\frac{de_{m1}}{dt} - \frac{e_{m1} - \frac{1}{N}e_{m2}}{R_1}\right) \qquad (4.6)$$

$$Z_R = \frac{e_{m1} - \frac{1}{N}e_{m2}}{R_1} \qquad (4.7)$$

$$F_{\frac{1}{R}} = -\frac{W_R}{Z_R} = \frac{f_n - C_1\frac{de_{m1}}{dt} - \frac{e_{m1} - \frac{1}{N}e_{m2}}{R_1}}{\frac{e_{m1} - \frac{1}{N}e_{m2}}{R_1}} \qquad (4.8)$$

La relation (4.6) peut être obtenue directement du modèle bond graph en appliquant la bicausalité sur l'ensemble des liens de puissance parcourus par le chemin causal reliant W_R et le détecteur $SSe : e_{m1}$ (Figure 4.9-(a)). En suivant les chemins causaux sur le modèle bicausal de la Figure 4.9-(b), nous obtenons le graphe orienté de la Figure 4.10, ainsi que les équations suivantes :

$$W_R = f_{11} - f_5 = \frac{1}{R_1}e_{11} - f_4 = \frac{1}{R_1}e_5 - f_4 = \frac{1}{R_1}(e_4 - e_6) - f_4;$$
$$f_4 = f_1 - f_2 = f_n - C_1\frac{de_{m1}}{dt};$$
$$e_4 = e - m1;$$
$$e_6 = \frac{1}{N}e_{m2};$$

donc

$$W_R = \frac{1}{R_1}\left(e_{m1} - \frac{1}{N}e_{m2}\right) - f_n + C_1\frac{de_{m1}}{dt}$$

$$F_{\frac{1}{R}} = -\frac{W_R}{Z_R} = \frac{f_n - C_1\frac{de_{m1}}{dt} - \frac{e_{m1} - \frac{1}{N}e_{m2}}{R_1}}{\frac{e_{m1} - \frac{1}{N}e_{m2}}{R_1}}$$

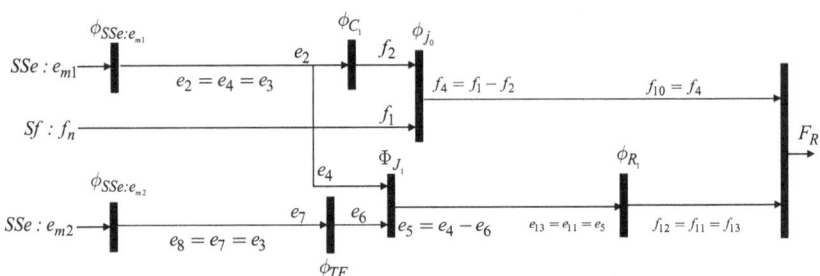

Figure 4.10 – Graphe orienté associé au modèle bond graph bicausal pour l'estimation de F_R.

4.3.3 Estimation d'un défaut d'entrée à partir d'un modèle bond graph

Un défaut sur une entrée est modélisé par une source de la même nature que la source représentant l'entrée nominale. Ainsi, l'équation d'estimation d'un défaut d'entrée est générée lorsqu'il existe au moins un détecteur dualisé connecté par un chemin causal à la source qui représente la défaut. Considérons

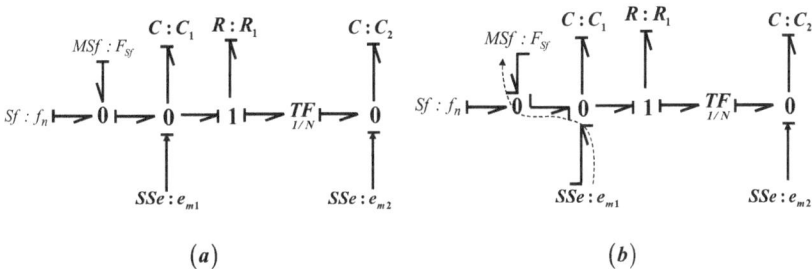

Figure 4.11 – Estimation d'un défaut d'entrée. Modèle bond graph en causalité dérivée (a) et en bicausalité (b).

un défaut affectant l'entrée du système électrique donné par la Figure 4.8-(a). Dans ce cas, le modèle bond graph en causalité dérivée et en présence de ce défaut est montré dans la Figure 4.11-(a). La génération de l'équation d'estimation est effectuée en utilisant directement le modèle bond graph en bicausalité donné par la Figure 4.11-(b). En parcourant les chemins causaux du modèle bicausal, nous obtenons l'expression suivante du défaut F_{Sf} :

$$F_{Sf} = -f_n + C_1 \frac{de_{m1}}{dt} + \frac{e_{m1} - \frac{1}{N}e_{m2}}{R_1}$$

Remarque : Dans le cas ou un modèle bond contient un ou plusieurs détecteurs non-dualisées, il est possible de générer des équations d'estimation de défaut d'entrée si la source représentant le défaut est causalement connectée à un de ces détecteurs.

4.3.4 Estimation d'un défaut de capteur

L'estimation du défaut de capteur peut être effectuée en suivant trois étapes :

1. Sélectionner une des sources modulée représentant le défaut.

2. Appliquer la bicausalité sur les liens de puissance qui sont parcourus par un chemin causal reliant la source qui représente le défaut à un détecteur dualisé.

3. Générer l'équation d'estimation du défaut en suivant les chemins causaux.

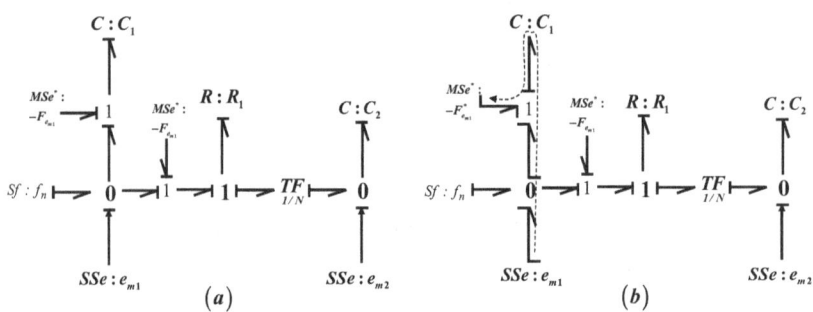

Figure 4.12 – Estimation d'un défaut de capteur. Modèle bond graph en causalité dérivée (a) et en bicausalité (b).

Considérons un défaut sur le détecteur $SSe : e_{m1}$ (Figure 4.8-(b)). La représentation de ce défaut sur le modèle bond graph est donnée par la Figure 4.12-(a). En appliquant les règles de génération des RRAs sur ce modèle, la RRA_1 est déduite comme suit :

$$RRA_1 : f_n - C_1 \frac{de_{m1}}{dt} - \frac{1}{R} \left(e_{m1} - \frac{1}{N} e_{m2} \right) + C_1 \frac{dF_{e_{m1}}}{dt} + \frac{1}{R} F_{e_{m1}} = 0$$

En utilisant cette relation, l'expression de défaut peut être générée comme suit :

$$\dot{F}_{e_{m1}} = \frac{de_{m1}}{dt} - \frac{1}{C_1}\left(f_n - \frac{1}{R}\left(e_{m1} - \frac{1}{N}e_{m2}\right) - \frac{1}{R}F_{e_{m1}}\right)$$

avec $F_{e_{m1}}(0) = 0$.

En appliquant la bicausalité sur le modèle donné par la Figure 4.12-(a), nous obtenons le modèle bond graph illustré dans la Figure 4.12-(b). Ce modèle permet d'obtenir l'expression suivante :

$$F_{e_{m1}} = e_{m1} - \frac{1}{C_1}\int\left(f_n - \frac{1}{R}\left(e_{m1} - \frac{1}{N}e_{m2}\right) + \frac{1}{R}F_{e_{m1}}\right)dt$$

4.4 Estimation de défauts par la fonction de sensibilité

Il est possible d'estimer le défaut en utilisant l'inverse de la fonction de la sensibilité du résidu à ce défaut. Dans cette partie, nous présentons une méthodologie qui permet de générer ces fonctions directement et systématiquement en utilisant les propriétés structurelles et bicausales de l'outil bond graph. Cette fonction qui décrit la relation entre le défaut et le résidu est utilisée dans la section suivante pour améliorer l'isolabilité des défauts ayant la même signature.

Définition

On définit la variable inactive V_d d'un détecteur par une variable de puissance nulle (flux ou effort) associée à ce détecteur. Par exemple, la variable inactive d'un détecteur de flux dualisé est l'effort (Figure 4.13-(a)). Pour un détecteur d'effort, la variable inactive est le flux (Figure 4.13-(b)). En effet, le détecteur n'échange pas la puissance avec le système. Notons que la variable inactive V_d peut représenter le résidu sur le modèle bond graph.

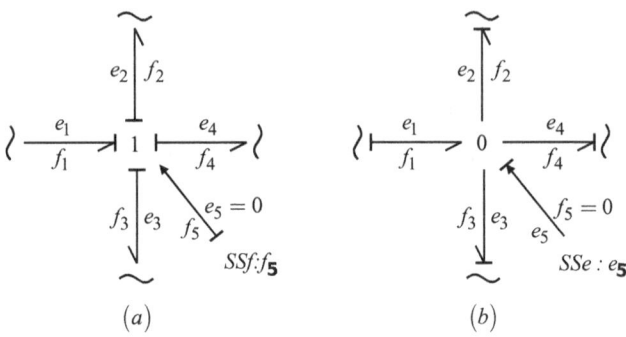

(a) (b)

Figure 4.13 – La variable inactive d'un détecteur.

Dans la Figure 4.13, les deux types de détecteurs dualisés sont représentés. Les équations suivantes peuvent être obtenues :

$$(a) \rightarrow e_1 - e_2 - e_3 - e_4 = -e_5 = 0;$$

$$(b) \rightarrow f_1 - f_2 - f_3 - f_4 = -f_5 = 0;$$

Le résidu associé à la jonction "1" noté r_a est donné comme suit :

$$r_a = e_1 - e_2 - e_3 - e_4 = -e_5;$$

Le résidu associé à cette jonction "0" noté r_b est donné comme suit :

$$r_b = f_1 - f_2 - f_3 - f_4 = -f_5;$$

où f_5 et e_5 représentent les variables inactives des détecteurs SSe et SSf.

Pour obtenir la relation entre le résidu et le défaut, il faut trouver la relation entre le résidu et la source qui représente l'effort ou le flux généré par le défaut. Cette relation peut être obtenue systématiquement en appliquant la bicausalité sur l'élément qui représente le résidu (détecteur) et l'élément qui représente le défaut (l'entrée fictive).

Soit un défaut paramétrique F_P représenté par BG-LFT. Pour estimer ce défaut il faut trouver la relation entre le résidu r et la source W_P. Le défaut F_P est calculé comme suit :

$$F_P = -\frac{W_P}{Z_P} \tag{4.9}$$

Dans le cas linéaire, la relation entre le résidu r et la source W_P est obtenue à partir du modèle bond graph en calculant le gain $G(V_d \rightarrow W_P)$ du chemin causal reliant la variable inactive, associée au détecteur dualisé, et la source W_P :

$$W_p = \sum G(V_d \rightarrow W_p)r; \tag{4.10}$$

Remarque : Le gain[1] d'un chemin causal est calculé en utilisant la règle du Mason [Brown, 1972].

La relation entre le résidu et le défaut est déduite en remplaçant l'équation (4.10) dans (4.9) :

$$F_p = -\frac{\sum G(V_d \rightarrow W_p)}{Z_p}r \tag{4.11}$$

Le modèle bond graph bicausal de la Figure 4.14, montre un défaut multiplicatif F_R sur l'élément R modélisé par BG-LFT. En utilisant le principe de

---

1. le gain d'un chemin causal est calculé en fonction des éléments bond graph parcourus par ce chemin.

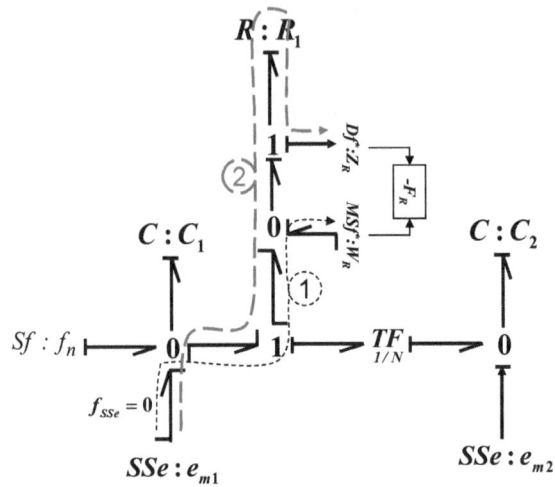

Figure 4.14 – Estimation d'un défaut paramétrique.

la bicausalité, l'équation d'estimation de défaut $F_{\frac{1}{R}}$ est obtenue comme suit :

$$F_{\frac{1}{R}} = -\frac{W_R}{Z_R} = \frac{\overbrace{\left(f_n - C_1 \frac{de_{m1}}{dt} - \frac{e_{m1} - \frac{1}{N}e_{m2}}{R_1} \right)}^{r_1 = eval(RRA_1)}}{\frac{e_{m1} - \frac{1}{N}e_{m2}}{R_1}} \qquad (4.12)$$

donc

$$F_{\frac{1}{R}} = -\frac{W_R}{Z_R} = \frac{1}{\frac{e_{m1} - \frac{1}{N}e_{m2}}{R_1}} r_1 \qquad (4.13)$$

La relation (4.13) peut être obtenue directement en utilisant la relation

(4.11) telle que :

$$F_{1/R} = -\frac{\sum G\left(V_d = f_{SSe:e_{m1}} \to W_R\right)}{Z_p} r_1;$$

$$G\left(f_{SSe:e_{m1}} \to W_R\right) = -1$$

$$Z_R = \frac{e_{m1} - \frac{1}{N}e_{m2}}{R_1}$$

$$F_{1/R} = -\frac{-1}{\frac{e_{m1} - \frac{1}{N}e_{m2}}{R_1}} r_1;$$

De la même manière, on peut générer la relation entre un défaut de capteur et un résidu en utilisant l'équation suivante :

$$F_{SS}^* = \frac{-\sum G\left(V_d \to F_{SS}^*\right)}{1 - \sum G\left(F_{SS}^1 \to F_{SS}^*\right) - \cdots - \sum G\left(F_{SS}^n \to F_{SS}^*\right)} r; \qquad (4.14)$$

où r est le résidu associé à V_d. $F_{SS}^*, F_{SS}^1, ..., F_{SS}^n$ sont les sources qui représentent le défaut capteur (F_{SS}^* est en bicausalité). $G\left(V_d \to F_{SS}^*\right)$ est le gain du chemin causal reliant la variable inactive du détecteur, associé au résidu r avec la source en bicausalité. $G\left(F_{SS}^n \to F_{SS}^*\right)$ est le gain du chemin causal reliant la source F_{SS}^n et la source en bicausalité F_{SS}^*. Le nombre des sources virtuelles qui représentent le défaut de capteur est $n + 1$.

Par exemple, l'expression d'un défaut de capteur représenté par la Figure 4.12-(b) est la suivante :

$$G\left(Vd_1 \to F_{e_{m1}}^*\right) = \frac{1}{pC_1}$$

$$G\left(F_{e_{m1}}^1 \to F_{em1}^*\right) = -\frac{1}{pRC_1}$$

$$F_{e_{m1}}(p) = \frac{-\frac{1}{pC_1}}{1 + \frac{1}{pRC_1}} r_1(p) \qquad (4.15)$$

125

L'expression d'un défaut d'entrée est donnée par l'équation suivante :

$$W_F = - \sum G\left(V_d \to W_F\right) r\left(p\right)$$

où W_F représente le défaut. $G\left(V_d \to W_F\right)$ est le gain du chemin causal reliant la variable inactive associée au résidu r et la source représentant le défaut.

4.4.1 Conditions d'estimation d'un défaut

Un défaut est structurellement estimable si et seulement si :

1. Le système est observable et surdéterminé. Cela afin de générer les relations de redondances analytiques sensibles à ce défaut.

2. Le défaut considéré doit être isolable.

3. Le défaut doit être lié par un chemin causal avec un détecteur dualisé.

Dans le cas où le modèle est incertain, l'étude et l'analyse de la fonction de sensibilité est nécessaire pour déterminer les possibles erreurs d'estimation.

4.5 Isolation des défauts en utilisant les équations d'estimation

L'isolabilité d'un défaut est étudiée en utilisant la matrice de signature de défauts (FSM). Cette méthode ne permet pas l'isolation des défauts ayant la même signature. Pour contourner ce problème, nous avons développé une procédure basée sur l'estimation de défaut [Touati, 2012]. L'approche consiste à exploiter les fonctions de sensibilité des résidus pour identifier les défauts ayant la même signature binaire.

Prenons l'exemple de la Figure 4.8. Deux RRAs peuvent être générées :

$$RRA_1 : f_n - C_1 \frac{de_{m1}}{dt} - \frac{e_{m1} - \frac{1}{N} e_{m2}}{R_1} = 0;$$

$$RRA_2 : \frac{e_{m1} - \frac{1}{N} e_{m2}}{N R_1} - C_2 \frac{de_{m2}}{dt} = 0;$$

À partir de ces deux RRAs, la matrice de signature des défauts illustrée dans la Figure 4.15est déduite.

	r_1	r_2	*Ib*	*Db*
Sf:f_n	*1*	*0*	*0*	*1*
C:C_1	*1*	*0*	*0*	*1*
SSe:e_{m1}	*1*	*1*	*0*	*1*
R:R_1	*1*	*1*	*0*	*1*
TF:1/N	*1*	*1*	*0*	*1*
C:C_2	*0*	*1*	*1*	*1*
Sse:e_{m2}	*1*	*1*	*0*	*1*

Figure 4.15 – Matrice de signatures de défauts.

On remarque que seulement le défaut sur l'élément $C : C_2$ est isolable. Les défauts qui peuvent affecter les éléments $Sf : f_n, C : C_1, SSe : e_{m1}, SSe : e_{m2}, R : R_1$ et $TF : 1/N$ ne sont pas isolables.

On remarque aussi que les deux résidus sont sensibles aux défauts sur les éléments $SSe : e_{m1}, SSe : e_{m2}, R : R_1$ et $TF : 1/N$. Donc on peut générer deux équations d'estimation pour chacun de ces défauts. La prise de décision est basée sur l'obtention de l'inverse de la fonction de sensibilité de chaque résidu à chaque défaut, tel qu'il est montré sur la Figure 4.16.

Il est possible d'utiliser ces fonctions pour identifier le défaut en comparant la valeur estimée moyennant le premier résidu r_1 et celle estimée à partir du

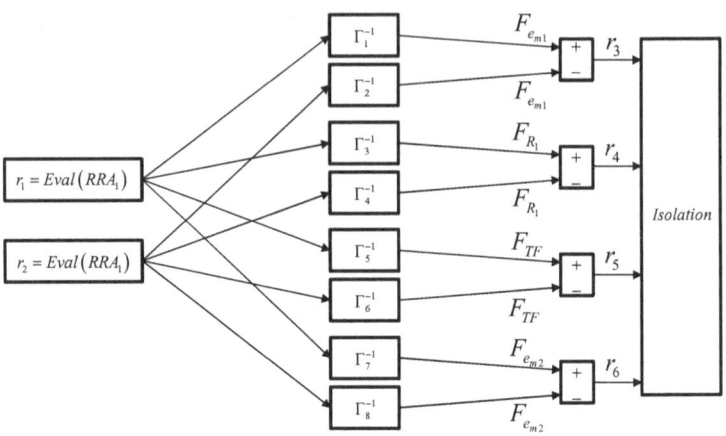

Figure 4.16 – Estimation de défauts moyennant l'inverse de la fonction de sensibilité.

second résidu r_2. Par exemple, considérons un défaut $F_{\frac{1}{R}}$ sur l'élément $R : R_1$. Les deux équations d'estimation possibles sont les suivantes :

$$F_{\frac{1}{R}} = \frac{1}{\frac{1}{R_1}\left(SSe_1 - \frac{1}{N}SSe_2\right)}r_1; \tag{4.16}$$

$$F_{\frac{1}{R}} = \frac{-N}{\frac{1}{R_1}\left(SSe_1 - \frac{1}{N}SSe_2\right)}r_2; \tag{4.17}$$

Pour pouvoir prendre une décision sur l'isolabilité de ce défaut, la différence entre les deux estimations doit être nulle dans le cas où le défaut affecte l'élément $R : R_1$. Par contre, pour les autres défauts estimés de la même manière, la différence doit être non nulle.

Des résidus supplémentaires peuvent être générés en comparant les deux estimations de chaque défaut. Dans notre exemple, nous pouvons générer quatre

128

résidus supplémentaires (r_3, r_4, r_5, r_6) qui seront utilisés par la suite pour une prise de décision sur l'isolabilité des défauts affectant les éléments considérées, comme le montre la Figure 4.16 :

$$\begin{cases} r_3 = \Gamma_1^{-1}r_1 - \Gamma_2^{-1}r_2; \\ r_4 = \Gamma_3^{-1}r_1 - \Gamma_4^{-1}r_2; \\ r_5 = \Gamma_5^{-1}r_1 - \Gamma_6^{-1}r_2; \\ r_6 = \Gamma_7^{-1}r_1 - \Gamma_8^{-1}r_2; \end{cases}$$

Les fonctions $\Gamma_i^{-1}, (i = 1, 2, ..., 8)$ représentent l'inverse de la fonction de sensibilité des résidus aux défauts.

4.6 Conclusion

Dans ce chapitre, une méthode d'estimation de défauts à base de modèle bond graph a été proposée. La méthode est basée sur l'utilisation de l'outil bond graph et la Transformation Linéaire Fractionnelle (LFT) pour la représentation de défauts paramétriques, de capteurs et d'actionneurs. La notion de bicausalité a été utilisée pour la génération des équations d'estimation de défauts. Ces équations ont été utilisées par la suite pour le développement d'une méthode d'isolation de certains défauts ayant la même signature. Ainsi, les équations d'estimation de défaut peuvent aussi être utilisées pour développer des algorithmes de commande tolérante aux fautes. Les résultats obtenus vont être implémentés sur un système électromécanique (Robotino) dans le chapitre 5.

Chapitre 5

Etude de cas : Le robot omnidirectionnel "Robotino"

5.1 Introduction

L'objectif de ce chapitre est de valider les contributions développées dans les chapitres 3 et 4 par rapport au diagnostic robuste et à l'estimation de défauts. Cette validation a été réalisée sur un système mécatronique, décrivant un robot omnidirectionnel. Ce dernier décrit trois mobilités : longitudinale, latérale et rotation en lacet. La présence de plusieurs capteurs sur le système électromécanique dédiés à la traction permet de générer les relations de redondances analytiques puis d'évaluer les résidus en présence des incertitudes de mesures. Cette manipulation expérimentale va nous permettre aussi de valider la méthode d'estimation de défauts.

5.2 Description générale du robot

Le Robotino® est un système pédagogique construit par la société Festo (Figure 5.1-a). Trois roues omnidirectionnelles lui permettent de se déplacer dans toutes les directions du plan ainsi que de tourner sur lui-même. Le choix de roue omnidirectionnelle permet de réduire les forces de contacts lors de déplacement complexe. Le Robotino® est autonome, ces nombreux capteurs, sa caméra ainsi qu'une puissante unité de commande confèrent au système l'intelligence nécessaire pour résoudre de façon autonome les problèmes qui lui sont posés. Le robot est muni de 3 unités de traction (Figure 5.1-c), implantés à 120° l'une de l'autre sur un châssis circulaire, qui lui permet de se déplacer selon 3 axes (3 degrés de liberté) :

- Mouvement selon l'axe longitudinal ;
- Mouvement selon l'axe latéral ;
- Mouvement de lacet.

Un codeur incrémental est implanté sur chaque moteur, il retourne une information sur la position angulaire de l'arbre moteur. À partir de là, il est possible de déduire la vitesse réelle du moteur en tour/minute. La vitesse réelle du moteur peut être comparée à la vitesse désirée et régulée grâce à un contrôleur PID. Le déplacement du robot s'effectue avec l'asservissement en parallèle des 3 unités de traction.

132

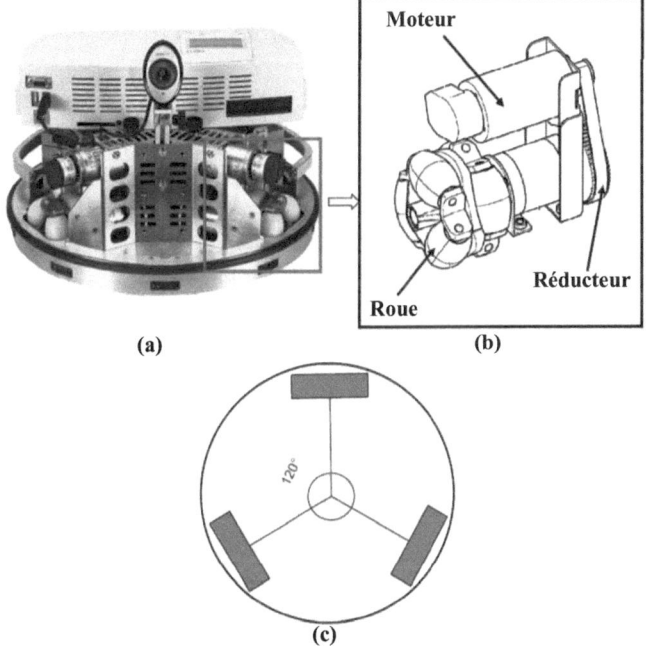

Figure 5.1 – Le robot mobile Robotino.

5.3 Modélisation du système électromécanique de traction

Le Robotino dispose d'un système de traction composé de trois unités indépendantes, lui donnant la propriété d'un système multi-entrées et multi-sorties (MIMO). Ainsi, dans notre étude de cas, nous nous sommes focalisés sur une seule unité composée par un système électromécanique, entrainant une roue en contact avec le sol. Ce dernier est de deux parties : une partie électrique et une partie mécanique. Une des caractéristiques de la modélisation par bond graph et de modéliser l'échange d'énergie entre les composants d'un système mécatronique. Avant de concevoir le modèle du système en bond de graph, nous montrons en premier le bond graph à mot (Figure 5.2), décrivant les différents composants du système électromécanique en montrant le sens d'échange énergétique.

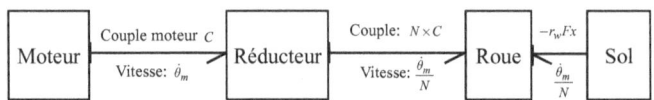

Figure 5.2 – Bond graph à mot.

Les parties montrées dans le bond graph à mot représentent l'ensemble des composants physiques de la Figure 5.3-(a). La partie électrique est composée d'une source de tension $Se : U(t)$, d'une inductance $L : L_a$ et d'une résistance électrique $R : R_a$.

La partie mécanique est modélisée par un élément résistif représentant le frottement visqueux $R : R_e$ et un élément de stockage d'énergie cinétique représentant l'inertie du rotor $I : J_e$. Le transfert d'énergie entre la partie électrique et la partie mécanique du système électromécanique est représenté

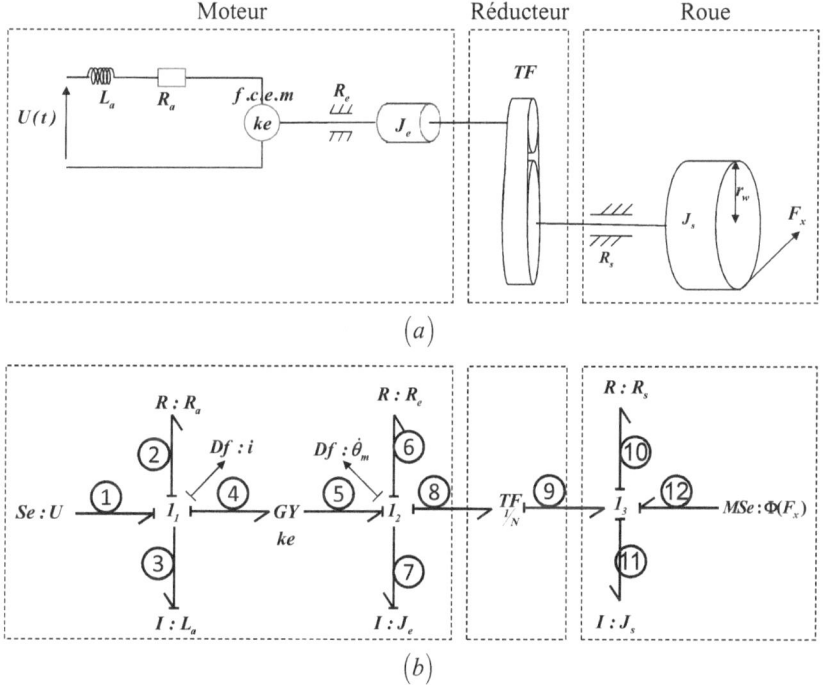

Figure 5.3 – Le modèle bond graph de la partie électromécanique.

par un Gyrateur $GY : ke$ dont la constante électrique est notée ke. Le système étudié est instrumenté par deux capteurs qui mesurent le courant i circulant dans la partie électrique $(Df : i)$ et la vitesse angulaire du rotor $(Df : \dot{\theta}_m)$. Le réducteur est modélisé par un transformateur TF avec une constante de réduction $1/N$. L'inertie de la roue est représentée par $I : J_s$ et le frottement visqueux par un $R : R_s$.

La force de contact longitudinale F_x est en fonction d'une variation faible de vitesse de la roue et par rapport à un contact surfacique assez faible. Le couple créé par cette force est modélisé par une source d'effort modulée par $\Phi(F_x) = F_x r_w$. Le jeu mécanique au niveau des engrenages de transmission est négligé, du fait de ses amplitudes très petites qui n'affectent pas la position de la roue par rapport à celle de l'arbre du moteur. De plus, la flexibilité du système de transmission est négligeable dans cette modélisation. La constante r_w modélise le rayon de la roue rigide. Les paramètres du système ont été considérés comme étant linéaires dans le but de pouvoir implémenter et démontrer la méthode de diagnostic robuste aux incertitudes de mesures.

Enfin, le modèle bond graph du système est illustré dans la Figure 5.3-(b). Comme on peut le constater, le modèle n'est pas complètement en causalité intégrale préférentielle. L'élément $I : J_s$ reste en causalité dérivée. Cette causalité dérivée reste valable pour notre développement, car dans un but de diagnostic, le modèle doit être mis en causalité dérivée [Ould Bouamama, 2006].

Du modèle BG, les équations suivantes sont générées :

Les équations de jonctions :

$$Jonction\ 1_1 : e_3 = e_1 - e_2 - e_3;$$

$$\underset{ke}{GY} : \begin{cases} e_5 = ke f_4; \\ e_4 = ke f_5; \end{cases}$$

$$Jonction\ 1_2 : e_7 = e_5 - e_6 - e_8;$$

$$\underset{1/N}{TF} : \begin{cases} e_8 = \frac{1}{N} e_9; \\ f_9 = \frac{1}{N} f_8; \end{cases}$$

Les équations caractéristiques :

$$R_a : e_2 = R_a f_2;$$

$$L_a : f_3 = \frac{1}{L_a} \int e_3 dt;$$

$$R_e : e_6 = R_e f_6;$$

$$J_e : f_7 = \frac{1}{J_e} \int e_7 dt;$$

$$R_s : e_{10} = R_s f_{10};$$

$$J_s : e_{11} = J_s \frac{d}{dt} f_{11};$$

$$MSe : e_{12} = \Phi\left(F_x\right);$$

Les équations d'état :

$$\begin{cases} \dot{P}_3 = U - \frac{R_a}{L_a} P_3 - \frac{Ke}{J_e + \frac{1}{N^2} J_s} P_7; \\ \dot{P}_7 = \frac{Ke}{L_a} P_3 - \frac{R_e + \frac{1}{N^2} R_s}{J_e + \frac{1}{N^2} J_s} P_7 + \Phi\left(F_x\right); \end{cases}$$

P_3 et P_4 sont les déplacements généralisés associés aux éléments dynamiques $I : L_a$ et $I : J_e$, respectivement.

137

5.4   Détection de défauts

5.4.1   Génération des RRAs

Pour pouvoir générer les RRAs, le modèle bond graph doit être mis en causalité dérivée préférentielle, c'est-à-dire tous les éléments dynamiques du modèle doivent être mis en causalité dérivée. Après avoir dualisé les détecteurs $Df : i$ et $Df : \dot{\theta}_m$, deux RRAs vont être générées à partir du modèle bond graph de la Figure 5.4.

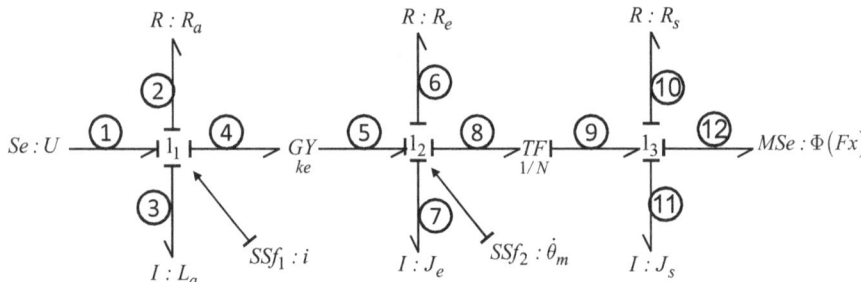

Figure 5.4 – Le modèle bond graph en causalité dérivée.

Les équations relatives aux détecteurs dualisés sont les suivantes :

$$\text{Jonction } 1_1 : f_1 = f_2 = f_3 = f_4 := i;$$
$$\text{Jonction } 1_2 : f_5 = f_6 = f_7 = f_8 := \dot{\theta}_m;$$

Les RRAs suivantes sont générées à partir des équations des jonctions 1_1

et 1_2 :

$$\text{Jonction1}_1 : e_1 - e_2 - e_3 - e_4 = 0;$$

$$avec : \begin{cases} e_1 = U; \\ e_2 = R_a i \\ e_3 = L_a \frac{di}{dt} \\ e_4 = ke\dot{\theta}_m \end{cases}$$

$$\text{Jonction1}_2 : e_5 - e_6 - e_7 - e_8 = 0;$$

$$avec : \begin{cases} e_5 = ke\ i; \\ e_6 = R_e \dot{\theta}_m \\ e_7 = J_e \frac{d\dot{\theta}_m}{dt} \\ e_8 = \frac{J_s}{N^2} \frac{d\dot{\theta}_m}{dt} + \frac{J_s}{N^2} R_e \dot{\theta}_m - \frac{1}{N} \Phi\left(Fx\right) \end{cases}$$

$$\begin{cases} RRA_1 : U - L_a \frac{di}{dt} - R_a i - ke\ \dot{\theta}_m = 0 \\ RRA_2 : Kei - J_e \frac{d\dot{\theta}_m}{dt} - R_e \dot{\theta}_m - \frac{J_s}{N^2} \frac{d\dot{\theta}_m}{dt} - \frac{R_s}{N^2} \dot{\theta}_m + \frac{1}{N} \Phi(F_x) = 0 \end{cases}$$

5.4.2 Génération des seuils

Dans ce travail, uniquement les incertitudes de mesures et l'incertitude sur l'entrée modulée par la force de contact sont considérées. La génération des seuils nécessite que le modèle bond graph soit en causalité dérivée. Pour le système illustré par la Figure 5.3, les éléments dynamiques sont en causalité dérivée. La représentation des incertitudes de mesures sur ce modèle est donnée dans la Figure 5.5.

En appliquant l'algorithme de génération des seuils sur le modèle bond graph incertain de la Figure 5.5, nous dérivons les parties incertaines sui-

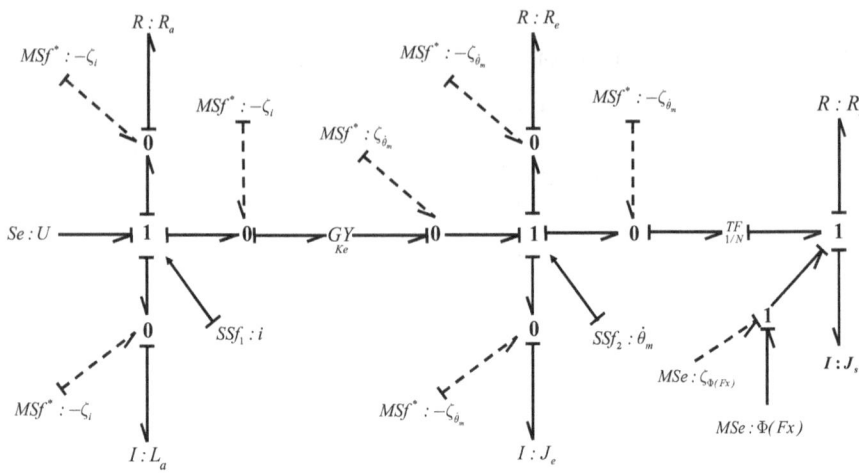

Figure 5.5 – Le modèle bond graph incertain en causalité dérivée.

vantes :

$$a_1 = -R_a \zeta_i - L_a \frac{d\zeta_i}{dt} - ke\ \zeta_{\dot\theta_m}$$
$$a_2 = ke\ \zeta_i - R_e \zeta_{\dot\theta_m} - J_e \frac{d\zeta_{\dot\theta_m}}{dt} - \frac{J_s}{N^2} \frac{d\zeta_{\dot\theta_m}}{dt} - \frac{R_s}{N^2} \zeta_{\dot\theta_m} + \frac{1}{N} \zeta_{\Phi(F_x)}.$$

où ζ_i et ζ_{θ_m} sont respectivement l'erreur de mesure sur le capteur de courant et le capteur de vitesse. $\zeta_{\Phi(F_x)}$ est l'erreur sur l'entrée représentant le moment de la force de contact (Fx). Les erreurs sur les entrées et les sorties sont considérées bornées comme suit :

$$|\zeta_i| \le \Delta_i$$
$$|\zeta_{\theta_m}| \le \Delta_{\theta_m}$$
$$|\zeta_{\Phi(F_x)}| \le \Delta_{\Phi(F_x)}$$

Les parties incertaines des deux RRAs précédemment calculées sont utili-

140

sées pour le calcul des seuils $a_{th,1}$ et $a_{th,2}$ associés aux résidus r_1 et r_2.

$$a_{th,1} = \max(a_1), \quad a_{th,2} = \max(a_2)$$
$$\max(a_1) = R_a \Delta_i + L_a \frac{2\Delta_i}{\Delta t} + ke\Delta_{\dot{\theta}_m}$$
$$\max(a_2) = ke\Delta_i + R_e \Delta_{\dot{\theta}_m} + J_e \frac{2\Delta_{\dot{\theta}_m}}{\Delta t} + \frac{J_s}{N^2} \frac{2\Delta_{\dot{\theta}_m}}{\Delta t} + \frac{R_s}{N^2} \Delta_{\dot{\theta}_m} + \frac{1}{N} \Delta_{\Phi(F_x)}.$$

5.4.3 Simulations et expérimentations

5.4.3.1 Résultats de simulation

Nous avons évalué les résidus et les seuils moyennant des données de simulation sur MATLAB/SIMULINK du système électromécanique de la traction omnidirectionnelle du robot mobile Robotino. Les signaux d'entrées et les mesures sont montrés dans la Figure 5.7. La simulation a été réalisée en fonction des paramètres nominaux du système, comme suit :

$$L_a = 0.0089H \qquad R_a = 8.13\Omega,$$
$$J_e = 0.00000795 Kg \cdot m^2 \qquad R_e = 0.000047 Nm \cdot sec \cdot rad^{-1}$$
$$J_s = 0.00051 Kg \cdot m^2 \qquad R_s = 0.00002 Nm \cdot sec \cdot rad^{-1}$$
$$m = 0.04315 V \cdot sec \cdot rad^{-1} \qquad N = 16, r_w = 0.04m$$

Ces valeurs nominales des paramètres physiques du système ont été identifiées par le constructeur dans la référence [Linares-Flores, 2006].

Considérons le signal d'entrée $U(t)$ de la Figure 5.7-(c) en présence d'un couple résistant de contact de la Figure 5.7-d, et les mesures $i(t)$ et $\dot{\theta}_m(t)$ simulées en fonctionnement normal (Figure 5.7-a et b), où des erreurs de mesures bornées sont additionnées aux valeurs exactes des mesures du système.

Les deux RRAs sont évaluées en fonctionnement normal ainsi qu'en fonc-

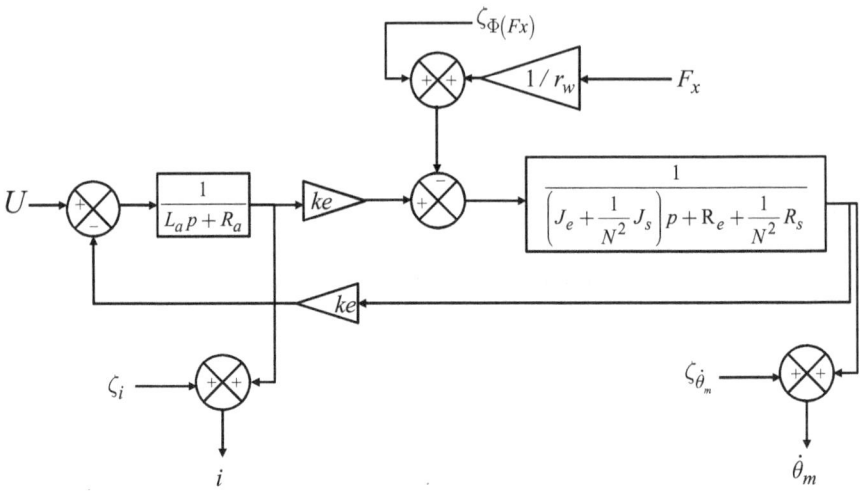

Figure 5.6 – Bloc diagramme du système électromécanique.

tionnement défaillant. Le défaut est introduit sur l'entrée U et la mesure i. Les signaux des résidus obtenus en fonctionnement normal sont montrés sur les Figures 5.9-(a) et (b). Nous remarquons que ces résidus évoluent à l'intérieur des seuils calculés par la méthode proposée.

En simulant un défaut additif sur l'entrée $U(t)$ à l'instant $t = 5s$ avec une amplitude egale à -4 Volts (Figure 5.8-(c)), nous obtenons les signaux de mesures correspondants (Figures 5.8- (a) et (b)). Dans ce cas, les résidus r_1 et r_2 sont donnés par les Figures 5.9-(c) et (d). Pour ce défaut, seulement le résidu r_1 est sensible, et donc détectable comme le montre la matrice de signatures de la TABLE 5.1.

En simulant un deuxième défaut sur la mesure $i(t)$ à l'instant t=5s, d'amplitude égale à -0.3 Ampère (Figure 5.7-e). Nous remarquons que les résidus r_1 et r_2 sont sensibles à ce défaut avec un degré différent comme le montre les Figures 5.9-(e,f).

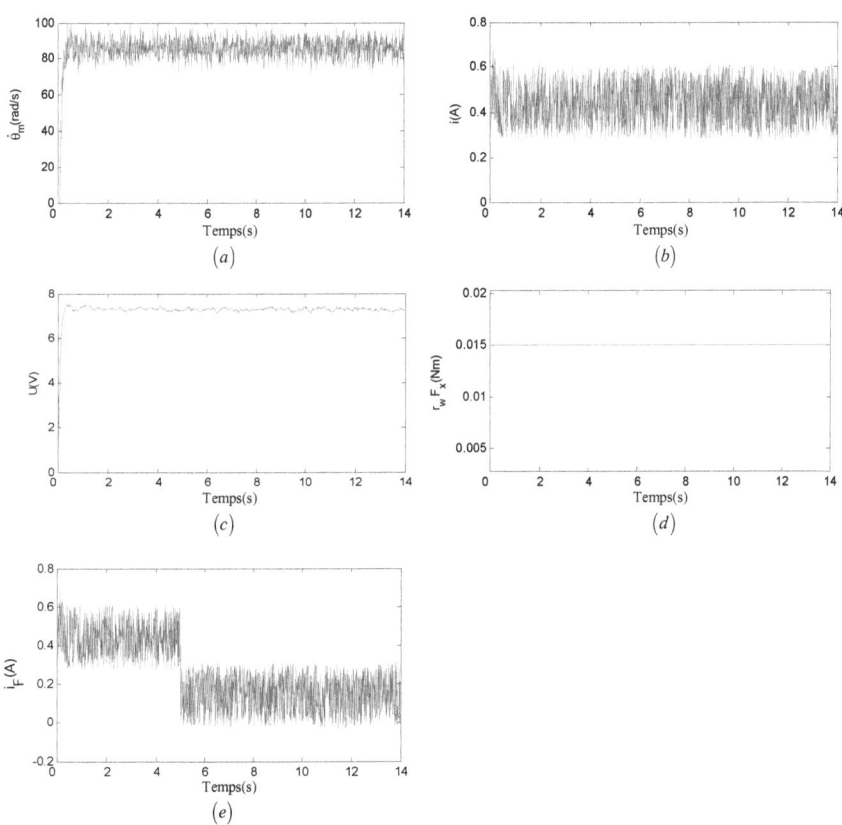

Figure 5.7 – Les signaux de simulation d'entrées et de sorties du système de traction décentralisée.

Eléments	r_1	r_2	I_b	D_b
$R : R_a$	1	0	0	1
$I : L_a$	1	0	0	1
$GY : ke$	1	1	0	1
$I : J_e$	0	1	0	1
$R : R_e$	0	1	0	1
$TF : 1/N$	0	1	0	1
$R : R_s$	0	1	0	1
$I : J_s$	0	1	0	1
F_x	0	1	0	1
$SSf_1 : i$	1	1	0	1
$SSf_2 : \dot{\theta}_m$	1	1	0	1

TABLE 5.1 – La matrice de signatures de défauts.

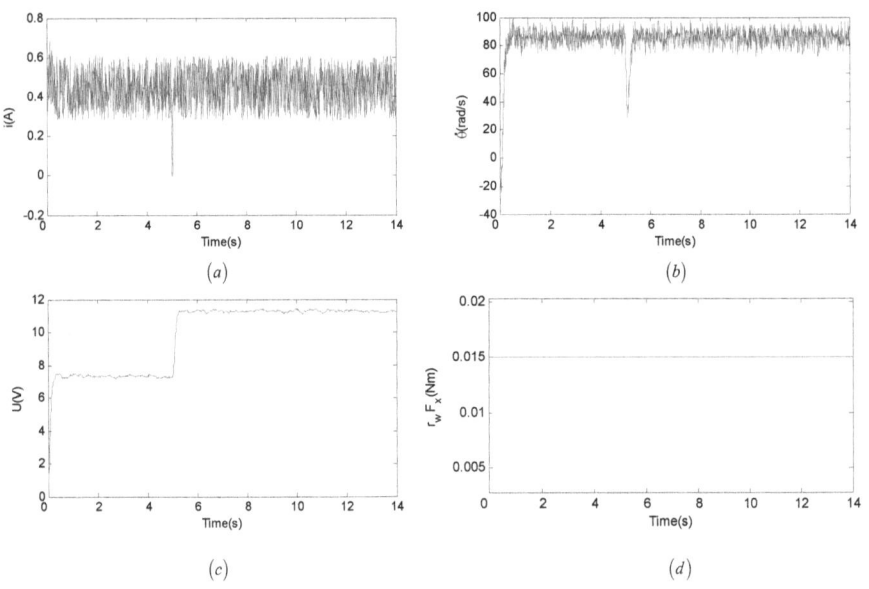

Figure 5.8 – Les signaux d'entrées et de sorties du système de traction décentralisée en présence d'un défaut sur l'entrée.

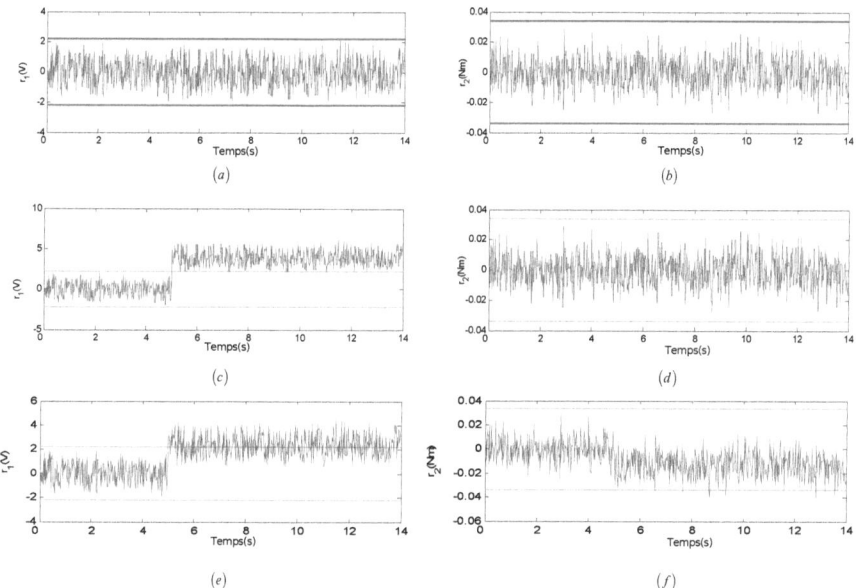

Figure 5.9 – (a,b) Residu r_1 et r_2 en fonctionnement normal. (c,d) Residu r_1 et r_2 en présence d'un défaut d'entrée. (e,f) Residu r_1 et r_2 en présence d'un défaut de capteur de courant.

Notons que les seuils sont calculés à partir des erreurs de mesures ζ_i et ζ_θ présentes respectivement sur le capteur de courant et sur l'encodeur :

$$max\left(\zeta_i\right) = 0.17A;$$
$$max\left(\zeta_{\theta_m}\right) = \frac{\pi}{500}rad.$$
$$max\left(\zeta_{\Phi(Fx)}\right) = 0.001Nm;$$

Le résidu r_2 de la Figure 5.9-(f) ne détecte pas le défaut de capteur à cause d'une sur-estimation du seuil a_2. Pour améliorer la détectabilité de ce défaut, nous avons appliqué des filtres linéaires à moyennes mobiles directement sur les deux résidus r_1 et r_2, en recalculant les seuils de détection comme suit :

$$\max\left(a_1\right) = R_a\Delta_i + L_a\frac{2\Delta_i}{n\Delta t} + ke\,\Delta_{\dot{\theta}_m}$$
$$\max\left(a_2\right) = ke\,\Delta_i + R_e\Delta_{\dot{\theta}_m} + J_e\frac{2\Delta_{\dot{\theta}_m}}{n\Delta t} + \frac{J_s}{N^2}\frac{2\Delta_{\dot{\theta}_m}}{n\Delta t} + \frac{R_s}{N^2}\Delta_{\dot{\theta}_m} + \frac{1}{N}\Delta_{\Phi(F_x)}.$$

où n est le nombre d'échantillons utilisés pour le filtrage. Nous remarquons que plus on augmente le nombre d'échantillons plus le résidu r_2 devient sensible à ce défaut en évoluant en dehors du seuil $max(a_2)$.

5.4.3.2 Résultats Expérimentaux

Nous avons appliqué la même procédure de diagnostic robuste et d'estimation de défauts en utilisant des données expérimentales issues du système de traction de Robotino. Les signaux de commande et de mesures sont montrés dans la Figure 5.11. Les résidus r_1 et r_2 en fonctionnement normal et en cas de défaut additif sur le capteur du courant sont montrés dans la Figure 5.12. La force du contact de la Figure 5.11-(d) est identifiée comme une force statique représentant le couple minimum à faire tourner la roue en interaction avec le

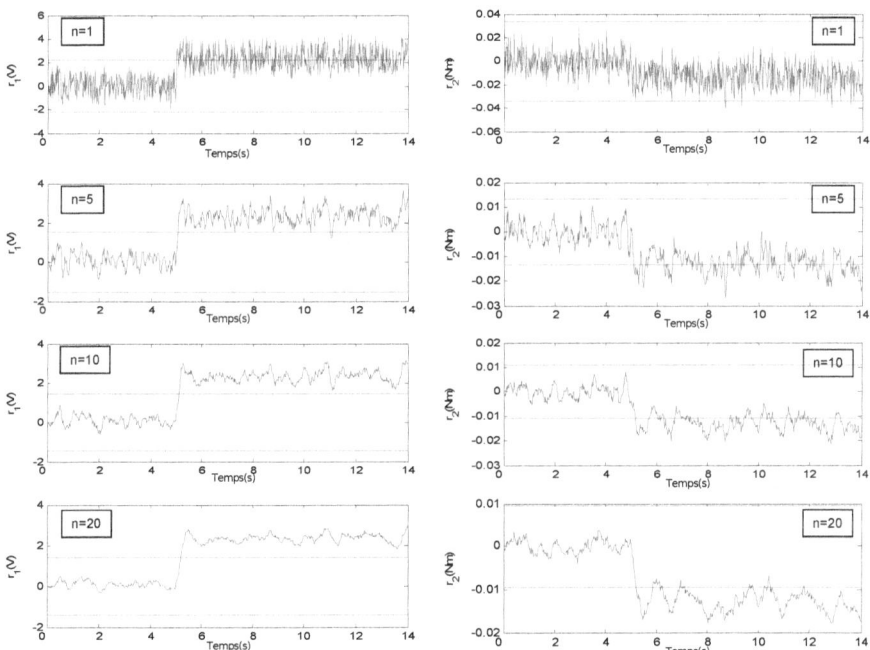

Figure 5.10 – Les résidus filtrés en présence d'un défaut capteur (Résultats de simulation).

sol expérimental.

Les erreurs qui affectent les mesures des deux capteurs du système sont données comme suit :

$$max\,(\zeta_i) = 0.17A;$$

$$max\,(\zeta_\theta) = \tfrac{\pi}{500} rad;$$

L'incertitude sur la force de contact est donnée suit :

$$max\,\big(\zeta_{\Phi(Fx)}\big) = 0.001 Nm;$$

La Figure 5.11-(b) montre le signal donné par le capteur en fonctionnement normal avant $t = 5s$ et en présence d'un défaut additif de -0.3Ampère après $t = 5s$.

En présence de ce défaut, les résidus r_1 et r_2 sont évalués avec différents filtres (n=1, 5, 10 et 20 échantillons). Les résultats sont montrés dans la Figure 5.12.

La figure 5.13 montre la comparaison entre le résidu non-filtré est le résidu filtré avec un filtre à moyenne mobile dont n=20.

5.5   Estimation et isolation de défaut

L'isolabilité peut être étudiée en utilisant la matrice de signature de défauts. cette dernière est générée à partir des deux relations de redondances analytiques comme illustré sur la TABLE 5.1 .

Le vecteur D_b représente le status booléen de la détection d'un défaut sur un des éléments du système. Tandis que le vecteur I_b montre l'isolabilité du défaut après la détection en se basant sur la signature donnée par les résidus

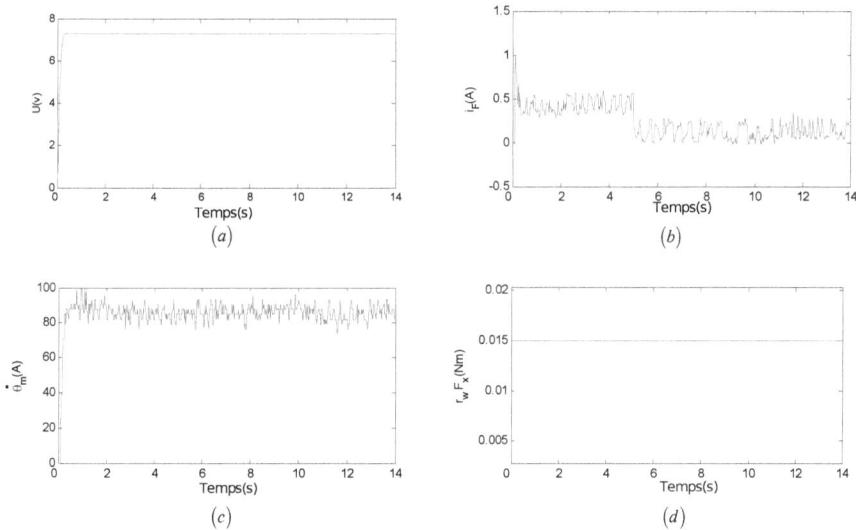

Figure 5.11 – Les signaux expérimentaux d'entrées et de sorties du système de traction décentralisée.(a) L'entrée su système U. (b) La mesure donnée par le capteur du courant. (c) La vitesse du moteur. (d) Le couple généré par la force de contact.

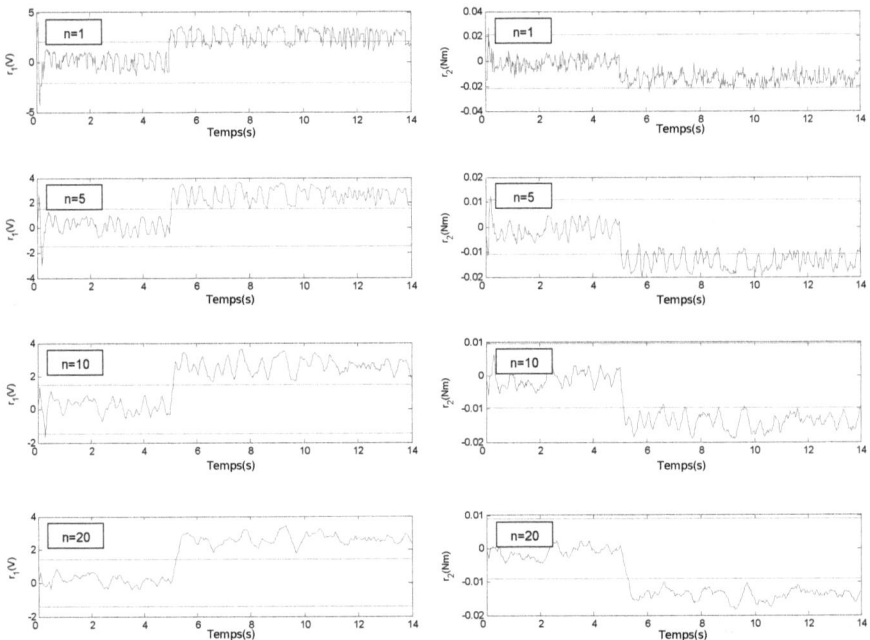

Figure 5.12 – Les résidus filtrés en présence d'un défaut capteur (Résultats expérimentaux).

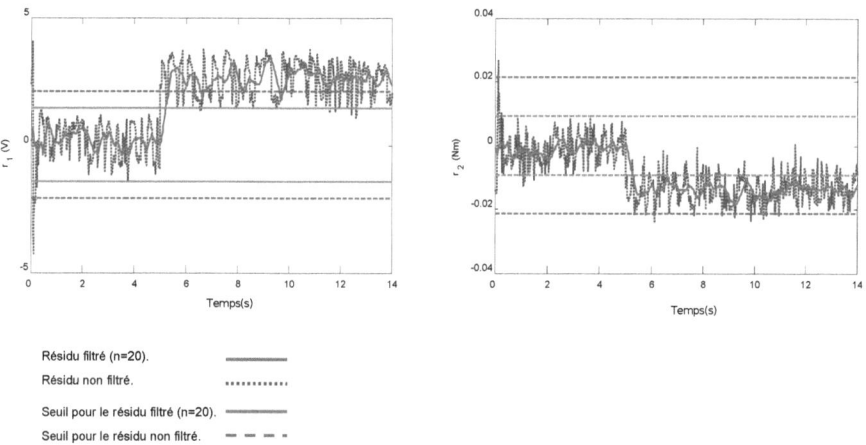

Figure 5.13 – Comparaison entre les résidus filtrés avec un nombre d'échantillons n=20 et le résidu non-filtré.

r_1 et r_2.

Nous remarquons dans notre cas d'étude qu'aucun défaut n'est isolable sur les éléments physiques et que les deux résidus r_1 et r_2 sont sensibles aux défauts sur $SSf_1 : i, SSf_2 : \dot{\theta}_m$, et $GY : ke$. Ces derniers peuvent être isolés en utilisant les équations d'estimation de défauts.

Deux équations d'estimation peuvent être générées pour chaque défaut sur les éléments ($SSf_1 : i, SSf_2 : \dot{\theta}_m$, et $GY : ke$). Les équations d'estimation d'un défaut F_{SSf_1} sur le capteur de courant $SSf_1 : i$ peuvent être obtenues directement à partir des modèles bond graph bicausaux des Figures 5.14 et 5.15.

L'expression d'un défaut de capteurs est donnée par l'équation suivante

151

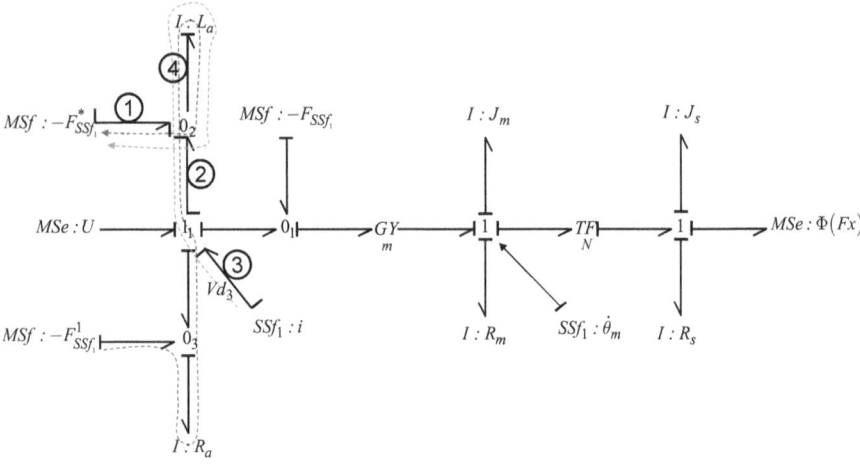

Figure 5.14 – Génération des équations d'estimation de défauts.

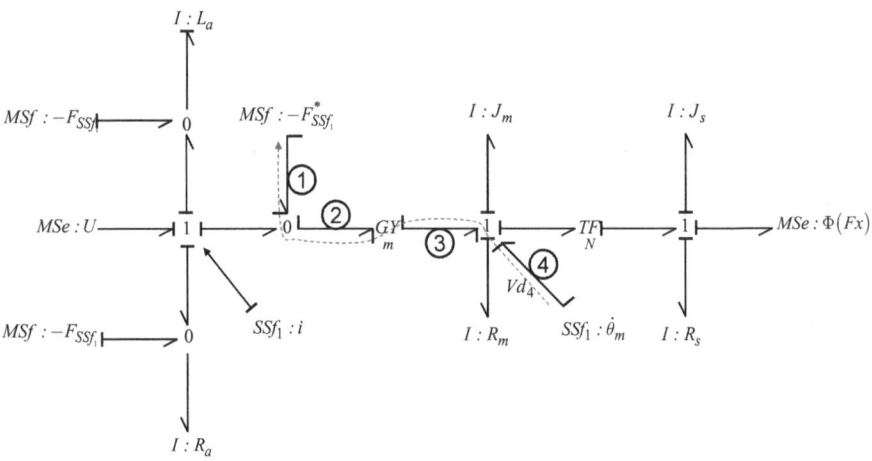

Figure 5.15 – Génération des équations d'estimation de défauts.

(développée dans le chapitre 4) :

$$F_{S,i}^* = \frac{-\sum G_j \left(V d_j \to F_{S,i}^*\right)}{1 - \sum G \left(F_{S,i}^1 \to F_{S,i}^*\right) - \cdots - \sum G \left(F_{S,i}^n \to F_{S,i}^*\right)} r_i$$

avec : r_i correspond au résidu i et à la $i$ème variable inactive. $F_{S,i}^*$ est la source représentant le défaut de capteur choisie pour être mise en bicausalité. $F_{S,i}^n$ est la source représentant le même défaut de capteur et qui est liée par un chemin causal à $F_{S,i}^*$, où $n \in \mathbb{N}$ représente le nombre de sources représentant le défaut et ayant un chemin causal avec $MSf : F_{S,i}^*$. $G_j \left(V d_j \to F_{S,i}^*\right)$ est le gain du chemin causal entre la variable inactive et la source $MSf : -F_{S,i}^*$. $G \left(F_{S,i}^n \to F_{S,i}^*\right)$ est le gain entre la source qui représente $F_{S,i}^n$ et celle qui représente $F_{S,i}^*$.

Sur la Figure 5.14, le défaut est représenté par trois sources de flux identiques $(MSf : -F_{SSf_1}^*, MSf : -F_{SSf_1}^1, MSf : -F_{SSf_1})$ modulées par la valeur de défaut. Une source parmi les trois à savoir $MSf : -F_{SSf_1}^*$ peut être mise en bicausalité avec le détecteur $SSf_1 : i$, ce qui permet la génération de l'équation suivante :

$$F_{SSf_1}^* = \frac{-G_j \left(V d_3 \to F_{SSf_1}^*\right)}{1 - G \left(F_{SSf_1}^1 \to F_{SSf_1}^*\right)} r_1$$

où $G \left(V d_3 \to F_{SSf_1}^*\right) = \frac{1}{L_a\, p}$ est le gain entre le détecteur qui représente le résidu r_1 est la source $MSf : F_{SSf_1}^*$. p est l'opérateur de Laplace. Ce gain est calculé de la façon suivante :

$$G \left(V d_3 \to F_{SSf_1}^*\right) = G_{1_1} G_{0_2} G_{I:L_a}$$

où $G_{1_1} = 1$ et $G_{0_2} = 1$ sont les gains associés respectivement aux jonctions 1_1 et 0_1 en tenant en compte du sens des demi-flèches. $G_{I:L_a} = \frac{1}{L_a p}$ est le gain associé à l'élément $I : L_a$ en causalité intégrale.

$G\left(F_{SSf_1}^1 \to F_{SSf_1}^*\right) = -\frac{R_a}{L_a p}$ est le gain du chemin causal reliant la source $MSf : F_{SSf_1}^1$ et $MSf : F_{SSf_1}^*$. tel que :

$$G\left(F_{SSf_1}^1 \to F_{SSf_1}^*\right) = G_{0_3} G_{R:R_a} G_{1_1} G_{0_2} G_{I:L_a}$$

avec :

$$\begin{cases} G_{1_1} = -1; \\ G_{0_2} = 1; \\ G_{0_3} = 1; \\ G_{R:R_a} = R_a; \\ G_{I:L_a} = \frac{1}{L_a p}; \end{cases}$$

Donc une première estimée $F_{SSf_1,1}$ du défaut F_{SSf_1} est donnée comme suit :

$$F_{SSf_1,1} = \frac{-\frac{1}{L_a p}}{1 + \frac{R_a}{L_a p}} r_1 = \frac{-1}{L_a p + R_a} r_1$$

La Figure 5.15 montre une autre possibilité d'estimer le défaut en mettant le détecteur de vitesse $SSf_2 : \dot{\theta}_m$ en bicausalité avec l'une des trois sources qui représente le défaut F_{SSf_1}. Donc une deuxième estimée $F_{SSf_1,2}$ du défaut capteur F_{SSf_1} est exprimée de la façon suivante :

$$F_{SSf_1,2} = \frac{-G_j\left(V d_4 \to F_{SSf_1}^*\right)}{1} r_2$$

$G\left(V d_4 \to F_{SSf_1}^*\right) = -\frac{1}{ke}$ est le gain du chemin causal reliant le détecteur SSf_2 et la source $MSf : F_{SSf_1}^*$.

Donc, l'expression de ce défaut est donnée comme suit :

$$F_{SSf_1,2} = F_{SSf_1}^* = \frac{-\left(-\frac{1}{ke}\right)}{1}r_2 = \frac{1}{ke}r_2$$

La même méthode est appliquée pour générer des équations d'estimation d'un défaut sur l'élément $GY : ke$ (Figure 5.16).

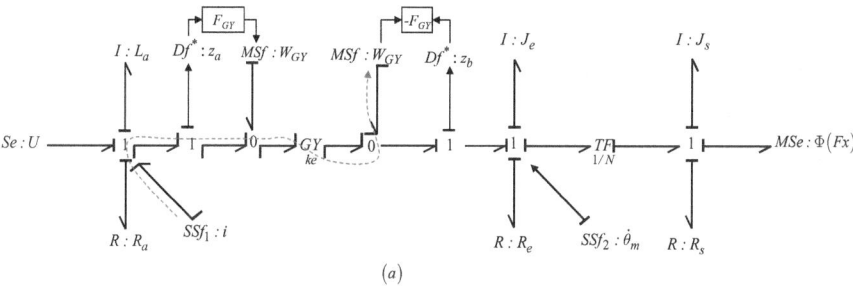

(a)

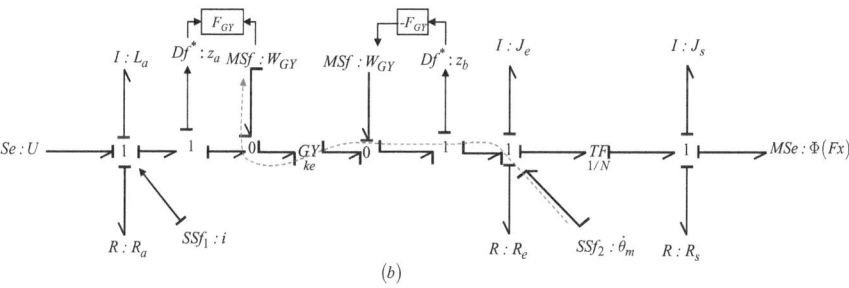

(b)

Figure 5.16 – Génération des équations d'estimation d'un défaut sur GY.

$$
(a)\left|\begin{array}{l} F_{GY,1} = -\dfrac{G\left(e_{SSf_1} \to W_{GY}\right)}{Z_{GY}}r_1; \\[4mm] F_{GY,1} = \dfrac{1}{ke\,\dot{\theta}_m}r_1; \end{array}\right.
$$

$$
(b)\left|\begin{array}{l} F_{GY,2} = -\dfrac{G\left(e_{SSf_2} \to W_{GY}\right)}{Z_{GY}}r_2; \\[4mm] F_{GY,2} = -\dfrac{1}{ke\,i}r_2 \end{array}\right.
$$

Ainsi, les deux équations d'estimation d'un défaut sur le capteur de vitesse $SSf_2 : \dot{\theta}_m$ sont données comme suit :

$$F_{SSf_2,1} = -\frac{1}{ke}r_1;$$
$$F_{SSf_2,2} = -\frac{-1}{(J_e+N^{-2}J_s)p+(R_e+N^{-2}R_s)}r_2.$$

L'isolation du défaut peut aussi être réalisée et effectuée en comparant les deux valeurs estimées par les deux équations d'estimation associées à chaque défaut. La Figure 5.17 montre les signaux d'entrées/sorties (expérimentaux et de simulation) du système en fonctionnement normal avant t=5s, et en cas d'un défaut d'amplitude de $0.6A$ sur la mesure du capteur de courant après t=5s.

L'isolation des trois défauts sur les capteurs SSf_1, SSf_2 et sur le composant GY est démontrée dans la Figure 5.18. Nous remarquons que les deux estimations du défaut de capteur F_{SSf_1} sont égales, et les autres résultats d'estimation sont différents, cela veut dire que le défaut et sur le capteur du courant $SSf_1 : i$.

La comparaison entre les deux estimations de chaque défaut donne un résidu supplémentaire (Figure 5.19), à savoir :

$$\begin{cases} r_3 = F_{SSf_1,1} - F_{SSf_1,2}; \\ r_4 = F_{SSf_2,1} - F_{SSf_2,2}; \\ r_5 = F_{GY,1} - F_{GY,2}; . \end{cases}$$

Nous remarquons que le résidu r_3 n'est pas sensible au défaut considéré (défaut sur la mesure du capteur de courant) contrairement aux résidus r_4 et r_5, ce qui permet l'isolation de ce défaut.

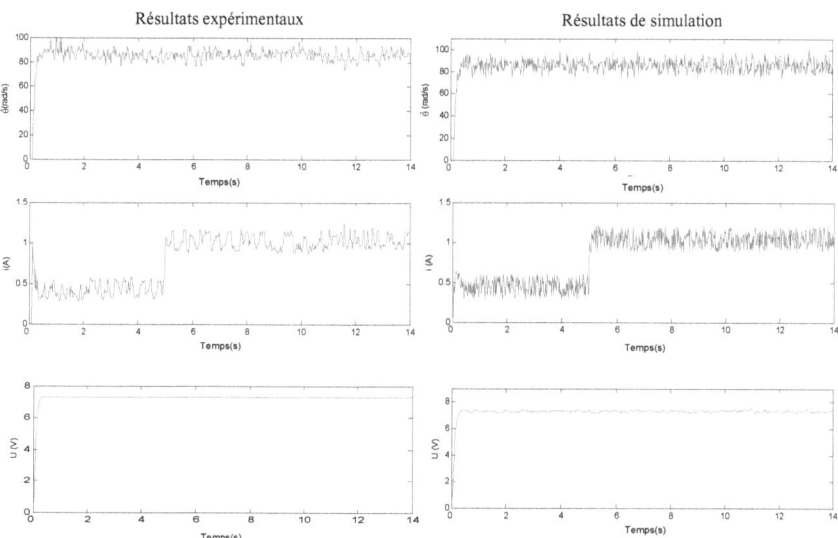

Figure 5.17 – Les signaux d'entrées-sorties du système électromecanique.

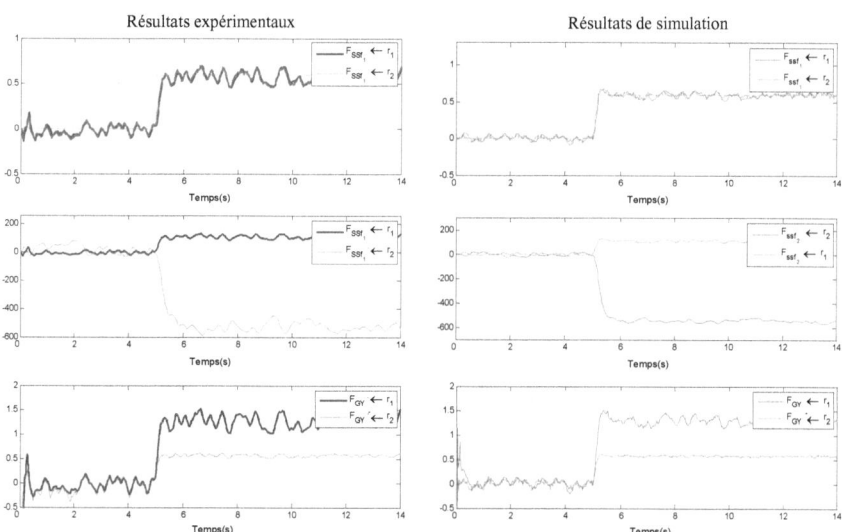

Figure 5.18 – Isolation d'un défaut sur le capteur de courant.

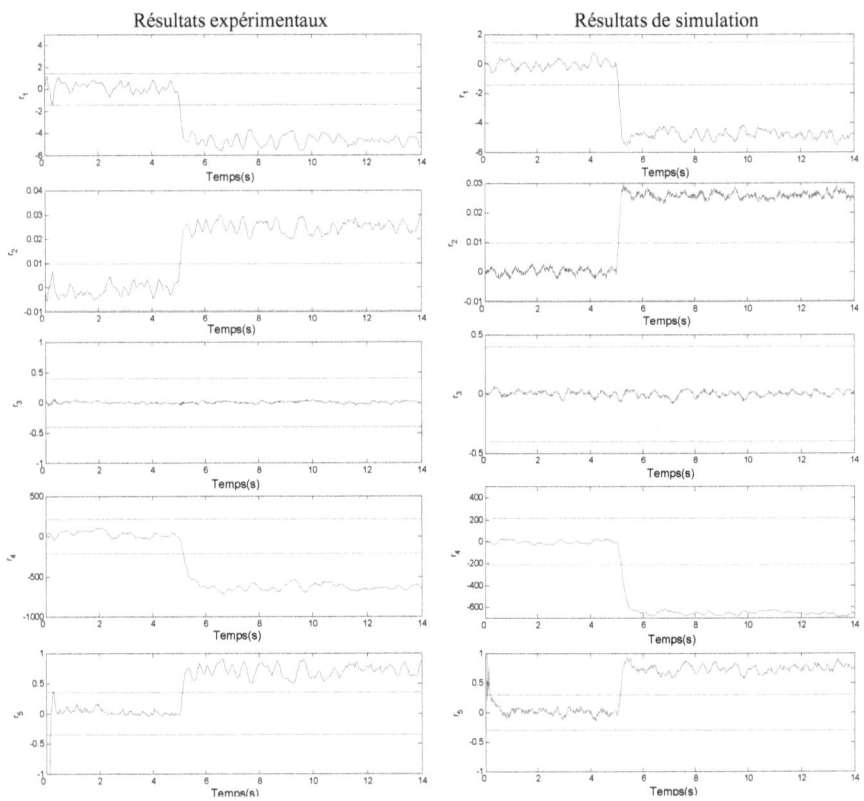

Figure 5.19 – Evaluation des résidus supplémentaires générés à partir des équations d'estimation de défauts.

5.6 Conclusion

La méthode de diagnostic robuste aux incertitudes de mesures ainsi que l'estimation de défauts par l'approche bond graph sont validées dans ce chapitre. Des simulations et des résultats expérimentaux ont été réalisés sur le système électromécanique de traction du robot mobile Robotino. Ils ont permis d'évaluer les résidus obtenus en présence des erreurs de mesures. La robustesse de la décision a été affinée par l'association de filtres à moyenne mobile appliqués sur les signaux des résidus. Enfin, les équations d'estimation de défauts ont été utilisées pour estimer et isoler des défauts de capteurs et de composants ayant la même signature binaire.

Conclusion générale

Dans ce travail, nous avons présenté une nouvelle approche de diagnostic robuste des systèmes dynamiques en présence des incertitudes de mesures. La modélisation, l'analyse structurelle, la génération des RRAs, et la génération des expressions des seuils robuste aux incertitudes de mesures ont été effectués en utilisant l'outil bond graph.

Le modèle bond graph sous sa forme incertaine BG-LFT, a été utilisé pour représenter graphiquement différents types de défauts et incertitudes : sur l'entrée (actionneur), sur la sortie (capteur) et sur les composants paramétriques du système. A partir de cette représentation, les relations de redondances analytiques ont été générées permettant ainsi de synthétiser les indicateurs de fautes en présence des incertitudes de mesures. L'outil bond graph par ces propriétés structurelles et causales et par son caractère multidisciplinaire pour la modélisation générique des systèmes dynamiques, nous a donc permis d'introduire les erreurs de mesures directement sur le modèle graphique, dont le but est de générer les expressions des seuils robustes de détection du défaut par rapport aux incertitudes de mesures. Afin d'améliorer la robustesse de décision, une méthode d'évaluation basée sur les filtres à moyenne mobile a été utilisée pour éviter le problème de la surestimation des seuils.

La représentation incertaine du modèle bond graph sous la forme de trans-

161

formation linéaire fractionnelle a été exploitée pour la génération systématique des équations d'estimation de défauts ainsi que les fonctions de sensibilité des résidus aux défauts, en appliquant la notion de la bicausalité. Ainsi, une méthodologie a été proposée pour la déduction des expressions des défauts estimés en parcourant les chemins causaux du modèle BG bicausal. Quant aux fonctions de sensibilité décrivant les relations entre les défauts et les résidus, elles nous ont permis de développer une méthodologie d'isolation de certains défauts ayant la même signature binaire. Cette dernière est basée sur la génération de résidus supplémentaires à partir des estimés de quelques défauts. Un algorithme a été élaboré en se basant sur la notion de la bicausalité pour la génération systématique des équations d'estimation de défauts.

Enfin, les méthodologies de diagnostic robuste et d'estimation développées dans le cadre de ce travail ont été implémentées sur un système expérimental décrivant un système électromécanique de la traction d'un robot mobile omnidirectionnel nommé 'Robotino'. Cette partie décrit un système multi-physiques composé de deux parties énergétiques : électrique et mécanique, an présence de deux détecteurs de mesures physiques et une entrée de commande. Des résultats de simulation et expérimentaux ont été comparés afin de permettre la validation des algorithmes développés, à la fois pour le diagnostic en présence d'incertitudes de mesures et pour l'estimation et l'isolation de défauts sur les capteurs.

Ainsi, ce travail a permis d'enrichir les travaux initiés en 2005 au LAGIS, pour le diagnostic robuste à partir de modèle bond graph en présence d'incertitudes paramétriques, en considérant cette fois des incertitudes de mesures et d'autres types de défauts.

162

Perspectives

Nous avons considéré que l'erreur de mesure est bornée, mais nous n'avons pas pris en compte la distribution de cette erreur. Il serait intéressant dans les futurs travaux de considérer sous certaines conditions le cas d'une distribution de l'erreur de mesure, afin d'appliquer le théorème de la limite centrale pour améliorer la robustesse de l'algorithme de détection de défauts.

Les travaux sur le diagnostic robuste vis-à-vis des erreurs de mesures peuvent être élargis aux systèmes non-linéaires, après linéarisation autour d'un point de fonctionnement. Ainsi, il est intéressant d'étudier le découplage entre la partie nominale et la partie incertaine sur chaque lien de puissance pour les systèmes non linéaires en général.

Concernant la procédure d'estimation de défauts développée dans ce travail, il est possible de prendre en compte la présence de l'ensemble des incertitudes sur le système afin de déterminer avec une certaine précision l'erreur d'estimation de défauts. En plus, la méthodologie de modélisation de défauts par BG-LFT reste prometteuse pour le développement d'une méthodologie de commande tolérante aux fautes basée sur la commande par le modèle BG-LFT inverse. Cela permet de calculer les commandes en présence de défauts à l'aide de la notion de la bicausalité. Une compensation adaptive peut être envisagée, dans certains cas, pour compenser la puissance générée par le défaut. Ainsi, les fonctions de sensibilité des résidus aux défauts peuvent être utilisées pour définir des seuils d'isolation robuste, ce qui permet d'éviter des fausses prises de décision sur la localisation de certains défauts.

Bibliographie

[Adort, 1999] O. Adort, D. Maquin, J. Ragot. 'Fault detection with model parameter structured uncertainties'. European Control Conference ECC'99, 1999.

[Alaoui, 2004] R. Alaoui. 'Conception d'un module de diagnostic à base des suites de bandes temporelles en vue de la supervision des procédés énergétique. Application en ligne à un générateur de vapeur', Thèse de doctorat, Université des Sciences et Technologies de Lille. N° d'Ordre : 3521, 2004.

[Barakat, 2011] M. Barakat, F. Druaux, D. Lefebvre, M. Khalil, O. Mustapha. Self adaptive growing neural network classifier for faults detection and diagnosis. Neurocomputing Vol. 74, PP.3865-3876, 2011.

[Blanke, 2006] M. Blanke, M. Kinnaert, J. Lunze, M.Staroswiecki. Diagnosis and Fault-Tolerant Control. Springer, 2nd edition, 2006.

[Brown, 1972] F. T. Brown. Direct application of the loop rule to bond graphs. Journal of Dynamics systems, measurements and control, pages 253261, 1972.

[Busson, 2002] F. Busson ,'Les bond graph multi énergie pour la modélisation et la surveillance en génie des procédés', Thèse de doctorat, Université des Sciences et Technologies de Lille. N° d'Ordre : 3250, 2002.

[Chen, 1999] J. Chen and R.J. Patton. 'Robust model-based fault diagnosis for dynamic systems'. Kluwer Academic Publishers, 1999.

[Chow, 1980] E. Y.Chow. "Failure detection system design methodology", PhD thesis. Lab. Information and Decision system. University of Cambrige, 1980.

[Chow, 1984] E.Y. Chow et A.S. Willsky 'Analytical redundancy and the design of robust failure detection systems'. IEEE Transactions on Automatic Control, vol. 29, pp. 603- 614, 1984.

[Cocquempot, 2004] V. Cocquempot. Contribution à la surveillance des systèmes industriels complexes. Univ. LILLE1, 2004.

[Damić, 2003] V. Damić, J.Montgometry. Mechatronics by bond graphs : An Object-oriented Approach to Modeling and Simulation. Springer, 2003.

[Dauphin-Tanguy, 1999] G. Dauphin-Tanguy. C. Sié Kam . 'How to Model Parameter Uncertainies in a Bond Graph Framework'. ESS'99, Erlangen. Germany. pp. 121-125, 1999.

[Dauphin,2000] G. DAUPHIN-TANGUY. Dauphin-Tanguy Les Bond Graphs. Hermes Sciences Publications, 2000.

[Ding, 2000] S. X. Ding, T. Jeinsch, P.M. Frank et E.L. Ding ."A unified approach to the optimization of fault detection systems". Int. J. Adapt. Control Signal Process, vol.14, pp. 725-745, 2000a.

[Ding, 2002] S. X. Ding, P. P. Frank. (2002). 'An Approach to the Detection of Multiplicative Faults in Uncertain Dynamic Systems'. Proceeding of the 41st IEEE Conference on Decision and Control. Las Vegas, Nevada USA. pp. 4371-4376.

[Ding, 2008] S. X. Ding. Model-based Fault Diagnosis Techniques Design Schemes, Algorithms, and Tools. Springer 2008.

[Ding, 2010] S. Ding, P. Zhang, e. Ding, S. Yin, A. Naik, P. Deng, W. Gui. On the Application of PCA Technique to Fault Diagnosis. Tsinghua Science & Technology. Vol. 15, Issue 2, PP. 138-144, April 2010.

[Djeziri, 2007] M. A. Djeziri. 'Diagnostic des Systèmes Incertains par l'Approche Bond Graph'. Thèse de doctorat. USTLille1-ECLille. N° d'ordre 64, 2007.

[Djeziri, 2009] M. A. Djeziri, B. Ould Bouamama, R. Merzouki. (2007). "Modelling and robust FDI of steam generator using uncertain bond graph model", Journal of Process Control, Vol. 19, pp. 149-162 ,2009.

[Djeziri, 2007] M. A. Djeziri, R. Merzouki, B. Ould-Bouamama, and G. Dauphin-Tanguy. Robust fault diagnosis using bond graph approach. Int. Journal of IEEE/ASME Transaction on Mechatronics, 12 (6) :599-611, 2007.

[Dubuisson, 2001] B. Dubuisson. Diagnostic, intelligence artificielle et reconnaissance des formes. Collection IC2, édition Hermes (2001).

[Dulmage, 1958] A. L. Dulmage and N. S. Mendelshon . Covering of bipartide graphs. Canadian Journal of Mathematics 10, 517-534, 1958.

[Edelmayer, 1994] A. Edelmayer, J. Bokor, L. Keviczky. "An H_∞ filtering approach to robust detection of failures in dynamical systems". Proceedings of the 34th Conference on Decision and Control. IEEE, New Orleans, USA, 1994.

[Edelmayer, 1996] A. Edelmayer, J. Bokor, L. Keviczky."H_∞ detection filter design for linear systems : Comparison of two approaches". Proceeding of the 13th IFAC World Congress, San Francisco, USA, . 1996.

[El-Osta, 2005] W. El-Osta. 'Surveillabilité structurelle et platitude pour le diagnostic des modèles Bond Graph couplés'. Thèse de doctorat, Université des Sciences et Technologies de Lille. . N° d'ordre 13, 2005.

[Frank, 1993] P. M. Frank. 'Advances in observer-based fault diagnosis'. Proceedings of the international conference on fault diagnosis (TOOL-DIAG'93), Toulouse, France, 1993.

[Frank, 1997] P. Frank, X. Ding. 'Survey of robust residual generation and evaluation methods in observer-based fault detection systems'. J. Process Control. Vol 7 (6). pp. 403-424, 1997.

[Frank, 1990] Frank P.M. Fault diagnosis in dynamical systems using analytical and knowledge based redundancy : a survey and some new results. Automatica, 26 (3), p. 459-474, 1990.

[Gawthrop, 1995] P. J. Gawthrop. 'Bicausal Bond Graphs'. International conference on Bond Graph Modeling (IBGM'95), Las Vegas, USA. pp. 83-88, 1995.

[Gertler, 1997] J. Gertler. 'Fault detection and Isolation using parity relations'. Control Eng. Practice, vol. 5, Issue 5, pp. 653-661, 1997.

[Grenaille, 2006] M. S. Grenaille."Synthèse de filtres de diagnostic pour les systèmes modélisés sous forme LPV". université bordeaux I, 2006.

[Guerra, 2007] R. M. Guerra, A. Luviano-Juárez and J. J. Rincón-Pasaye. Fault estimation using algebraic observers. Proceedings of the 2007 American Control Conference. New York City, USA, July 11-13, 2007.

[Han, 2005] Z. Han, W. Li, S. L. Shah. Fault detection and isolation in the presence of process uncertainties. Control Engineering Practice, Vol. 13, PP. 587-599, 2005.

[Hasegawa, 1993] T. Hasegawa, S. Horikawa, T. Furubashi, Y. Uchikawa, S. Shimamura, T. Yamada, O. Kunitake and S. Otsuka, An application of fuzzy neural network to fuzzy modeling of a basic oxygen furnace, Proc. IEEEInternat. Workshop on NeurooFuzzy Control, Muroran, Japan. PP. 133-138, 1993.

[Henry, 2001] D. Henry, A. Zolghadri, F. Gastang, M. Monsion. 'A New Multi-Objective Filter Design For Garanteed Robust FDI Performance'. Proceeding of the 40th IEEE Conference on Decision and Control, Orlando, Florida USA. pp. 173-178, 2001.

[Henry, 2005a] D.Henry et A.Zolghadri . "Design and analysis of robust residual génerators for systems under feedback control " . Automatica, vol. 41, Issue 2, pp. 251-264, 2005a.

[Henry, 2005b] D. Henry et A. Zolghadri. "Design of fault diagnosis filter : A multi-objective approach" . Journal of Franklin Institute, vol. 342, Issue 4, pp. 421-446, 2005b.

[Henry, 2006] D. Henry, A. Zolghadri."Norm-based design of robust FDI schemes for uncertain systems under feedback control : Comparison of tow approaches".Control Engineering Practice (14) 1081-1097, 2006.

[Horikawa, 1992] S. Horikawa, T. Furuhashi and Y. Uchikawa, On fuzzy modeling using fuzzy neural networks with the back-propagation algorithm, IEEETrans. Neural Networks, Vol. 3, PP. 801-806, 1992.

[Isermann, 1997] R. Isermann. Supervision, Fault-Detection and Fault-Diagnosis Methods - An Introduction. Control Eng. Practice, Vol. 5, No. 5, pp. 639-652, 1997.

[Isermann, 2006] R. Isermann. Fault-Diagnosis Systems, An Introduction from Fault Detection to Fault Tolerance. Springer-Verlag, Berlin Heidelberg, 2006.

[Jiang, 2005] B. Jiang, F. N. Chowdhury. Parameter fault detection and estimation of a class of nonlinear systems using observers. Journal of the Franklin Institute, Viol. 342, PP. 725-736, 2005.

[Jiang, 2005] C. Jiang, D. H. Zhou. 'Fault Detection and Isolation for Uncertain Linear Time-delay Systems'. Computer and Chemical Engineering. Vol. 30. pp. 228-242, 2005.

[Johansson, 2006] A. Johansson, M. Bask, T. Norlander. 'Dynamic Threshold Generators for Robust Fault Detection in Linear Systems with Parameter Uncertainty'. Automatica. 42 (2006). pp. 1095-1106, 2006.

[Kam, 2001] C. Sié Kam . Les Bond Graphs pour la Modélisation des Systèmes Linéaires Incertains. Thèse de doctorat. USTLille1-ECLille. Décembre 2001. N° d'ordre 3065, 2001.

[Kam, 2005] C. Sié Kam , G. Dauphin-Tanguy. Bond graph models of structured parameter uncertainties. Journal of the Franklin Institute. Vol.342. pp. 379-399, 2005.

[Khan, 2011] A. Q. Khan and S. X. Ding. Threshold computation for fault detection in a class of discrete-time nonlinear systems. INTERNATIONAL JOURNAL OF ADAPTIVE CONTROL AND SIGNAL PROCESSING. Vol. 25, PP. 407-429, 2011.

[Khedher, 2010] A. Khedher, K. B. Othman, M. Benrejeb and D. Maquin. Adaptive observer for fault estimation in nonlinear systems described by a Takagi-Sugeno model. 18th Mediterrranean Conference on Control and Automation. Marrakech, Morocco, 23-25th, 2010.

[Kowalski, 2003] C. Kowalski, T.Orlowska-Kowalska. Neural networks application for induction motor faults diagnosis. Mathematics and Computers in Simulation, Vol. 63, PP. 435-448, 2003.

[Meseguer, 2010] J. Meseguer, V. Puig, T. Escobet, J. Saludes . Observer gain effect in linear interval observer-based fault detection. Journal of Process Control, Vol. 20, PP. 944-956, 2010.

[Ould Bouamama, 2000] B. Ould Bouamama , M. Staroswiecki, B. Riera et E. Cherifi (2000). 'Multi-Modelling of Industrial steam Generator'. Control Engineering Practice, CEP, vol. 8, n° 11, pp. 1249-1260, 2000.

[Ould Bouamama, 2005] B. Ould Bouamama, A.K. Samantary, K. Medjaher,, M. Staroswiecki et G. Dauphin-Tanguy. 'Model builder using Functional and bond graph tools for FDI design'. Control Engineering Practice, CEP, Vol. 13/7, pp. 875-89, 2005.

[Ould Bouamama, 2006] B. Ould Bouamama, K. Medjaher, A.K. Samantary et M. Staroswiecki. 'Supervision of an industrial steam generator. Part I : Bond graph modelling'. Control Engineering Practice, CEP,Vol 14/1 pp 71-83, 2006.

[Ould Bouamama, 2006] B. Ould Bouamama, M. Staroswiecki, A. K. Samantaray. Software for supervision system design in process engineering industry Fault Detection, Supervision and Safety of Technical Processes, Vol. 6, pp. 691-695, 2006.

[Patton, 2000] Ron J. Patton, Paul M. Frank, Robert N. Clark. Issues of Fault Diagnosis for Dynamic Systems. Springer, 2000.

[Puig, 2003] V. Puig, J. Quevedo, T. Escobet, A. Stancu. Passive Robust Fault Detection using Linear Interval Observers. IFAC SAFEPROCESS'03. Washington. USA, 2003.

[Ragot, 1993] J. Ragot, D. Maquin et F. Kratz. 'Analytical redundancy for system with unknown inputs Application to fault detection'. Control theory and advanced technology, vol. 9, Issue 3, 1993.

[Rambeaux, 2000] F. Rambeaux, F. Hamelin, D. Sauter." Optimal thresholding for robust fault detection of uncertain systems". International Journal of Robust and Nonlinear Control. Vol 10. pp. 1155-1173, 2000.

[Rank, 1999] M. Rank & H. Niemann. "Norm based design of fault detectors. International Journal of Control", 72(9),773-783, 1999.

[Redheffer, 1960] R. Redheffer. On a certain linear fractional transformation. Em J. Maths and Phys. 39, 269-286, 1960.

[Robinovich, 2005] S. G. Robinovich. "Measurement Errors and Uncertainties : Theory and Practice". Springer-Verlag, 2005.

[Samantaray, 2006] A. K. Samantaray, K. Medjaher, B. Ould Bouamama, M. Staroswiecki and G. Dauphin-Tanguy. (2006). 'Diagnostic bond graphs for online fault detection and isolation'. Simulation Modelling Practice and Theory, Vol. 14, Issue 3, pp. 237-262, 2006.

[Samantary, 2008] A. K. Samantary, B. Ould Bouamama. 'Model-based Process Supervision'. Springer (2008) .

[Staroswiecki, 1991] M. Staroswiecki, V. Cocquempot et J.P. Cassar. 'Observer based and parity space approaches for failure detection and identification'. IMACS Symposium MCTS Lille, pp. 536-541, 1991.

[Staroswiecki, 1993] M. Staroswiecki, J.P. Cassar et V. Cocquenpot . "A general approach for multi-criteria optimization of structured residuals" . TOOLDIAG 93, Toulouse, vol. 2, pp. 800-807, 1993.

[Staroswiecki, 2001] M. Staroswiecki et G. Comtet-Varga. 'Analytical redundancy relations for fault detection and isolation in algebric dynamic systems'. Automatica, vol. 37, pp. 687-699, 2001.

[Sueur, 1989] C. Sueur, G. Dauphin-Tanguy. 'Structural Controllability and Observability of linear Systems Represented by Bond Graphs'. Journal of Franklin Institute. Vol.326. pp. 869-883, 1989.

[Thoma, 2000] J. Thoma, B. Ould Bouamama. Modelling and Simulation in Thermal and Chemical Engineering : A Bond Graph Approch. Springer, 2000.

[Touati, 2011] Y. Touati, R. Merzouki, B. Ould Bouamama. Fault Detection and Isolation in Presence of Input and Output Uncertainties Using Bond Graph Approach. IMAACA, pp. 221-227, 2011.

[Touati, 2012] Y. Touati, R. Merzouki, B. Ould Bouamama. Robust Diagnosis to Measurement Uncertainties Using Bond Graph Approach : Application to Intelligent Autonomous Vehicle. Mechatronics, Vol. 22, pp. 1148-1160, 2012.

[Touati, 2011] Y. Touati, B. Ould bouamama, R. Merzouki, Robust Residuals Generation and Evaluation Using Bond Graph and Linear Filtering. IEEE International Conference on Robotics and Biomimetics (IEEE RO-BIO2011), Thailand. PP. 2318-2323, 2011.

[Touati, 2012] Y. Touati, R. Merzouki, B. Ould Bouamama. Bond Graph Model Based for Fault Estimation and Isolation. Fault Detection, Supervision and Safety of Technical Processes, Vol. 8, Part. 1. Mexico, 2012.

[Ungar, 1990] L. H. Ungar, B. A. Powell, and S. N. Kamens. Adaptive networks for fault diagnosis and process control. Computers and Chem. Eng. 14(4-5), 561-572, 1990.

[Venkatasubramanian, 1989] V. Venkatasubramanian and K. Chan. A neural network methodology for process fault diagnosis. AICHE J. 35(12), 1993-2002, 1989.

[Venkatasubramanian, 2003] V. Venkatasubramanian, R. Rengaswamy, K. Yin, and S. N. Kavuri. A review of process fault detection and diagnosis part II : Qualitative models and search strategies. Computers and Chem. Eng. 27, 313-326, 2003.

[Zhang, 1996] J. Zhang, J. Morris. Process modelling and fault diagnosis using fuzzy neural networks. Fuzzy Sets and Systems. Vol. 79, PP. 127-140 ,1996.

[Zhang, 2008] K. Zhang, B. Jiang, and V. Cocquempot. Adaptive Observer-based Fast Fault Estimation. International Journal of Control, Automation, and Systems, vol. 6, no. 3, pp. 320-326, June 2008.

[Zhong, 2008] M. Zhong, S Liu , H. Zhao. Krein Space-based H_∞ Fault Estimation for Linear Discrete Time-varying Systems. Acta Automatica Sinica, Vol. 34, N° 12, December 2008.

[Zolghadri, 1996] A. Zolghadri, D. Henry, M, Monsion. 'Design of nonlinear observers for fault diagnosis : A case study'. Control Engineering Practice, pp. 1535-1544, 1996.

[Linares-Flores, 2006] J. Linares-Flores, J. Reger, and H. Sira-Ramírez. Speed-sensorless tracking control of a DC-motor via a double Buck-converter. Proceedings of the 45th IEEE Conference on Decision & Control Manchester Grand Hyatt Hotel San Diego, CA, USA, December 13-15, 2006.

[Lee, 1988] W. S. Lee, D. L. Grosh, F. A. Tillman, C. H. Lie. "Fault Tree Analysis, Methods, and ApplicationsA Review," Reliability, IEEE Transactions on , vol.R-34, no.3, pp.194-203, Aug. 1985

[Zhang, 2005] Ji Zhang; Wen-liang Cao; Bing-shu Wang; Ning Cui; , "Fault location algorithm based on the qualitative and quantitative knowledge of signed directed graph," Industrial Technology, 2005. ICIT 2005. IEEE International Conference on , vol., no., pp.1231-1234, 14-17 Dec. 2005

[Qian, 2008] Y. Qian, L. Xu, X. Li, L. Lin and A. Kraslawski. LUBRES : An expert System development and implementation for real-time fault diagnosis of a lubricating oil refining process. Expert Systems with Applications, vol. 35, pp. 1252-1266, 2008.

[Maurya, 2007] M. R. Maurya, R. Rengaswamy and V. Venkatasubramanian. Fault diagnosis using dynamic trend analysis : A review and recent developments. En gineering Applications of artificial intelligence, vol. 20, pp. 133-146, 2007.

[Hissel, 2007] D. Hissel, A. Hernandez et R. Outbib. Méthodes de diagnostic de systèmes multiphysiques. Techniques de l'Ingénieur, 2008.

MIX

Papier | Fördert
gute Waldnutzung

FSC® C083411

Zeitfracht Medien GmbH
Ferdinand-Jühlke-Straße 7
99095 Erfurt, Deutschland
produktsicherheit@kolibri360.de

Druck:
CPI Druckdienstleistungen GmbH
im Auftrag der
Zeitfracht Medien GmbH
Ein Unternehmen der Zeitfracht - Gruppe
Ferdinand-Jühlke-Str. 7
99095 Erfurt